— 普通高等教育教材 —

Polymer Chemistry Experiment
高分子化学实验

殷 俊 魏海兵 主编

化学工业出版社

·北京·

内容简介

《高分子化学实验》共六章,包括:绪论、逐步聚合、自由基聚合、配位聚合、开环聚合以及聚合物的化学反应。实验部分除聚合方法的介绍与操作以外,还涉及聚合物结构分析和性能表征,每个实验后都有与本实验内容相关的知识拓展,结合最新的科研动态,拓宽学生的知识面,激发学生科研兴趣,引导学生在掌握基本实验操作的基础上探索高分子化学前沿知识,为学生从事更高阶段的研究工作打下基础。

本书可供高等院校高分子化学、高分子材料与工程等专业的师生用作教材,也可供相关专业技术人员参考。

图书在版编目(CIP)数据

高分子化学实验 / 殷俊,魏海兵主编. — 北京:化学工业出版社,2025.3. — (普通高等教育教材). ISBN 978-7-122-47126-0

Ⅰ. O631.6

中国国家版本馆 CIP 数据核字第 202550SP90 号

责任编辑:汪 靓　宋林青　　文字编辑:杨玉倩　葛文文
责任校对:杜杏然　　　　　　装帧设计:刘丽华

出版发行:化学工业出版社
　　　　　(北京市东城区青年湖南街 13 号　邮政编码 100011)
印　　装:涿州市般润文化传播有限公司
787mm×1092mm　1/16　印张 8¾　字数 202 千字
2025 年 3 月北京第 1 版第 1 次印刷

购书咨询:010-64518888　　　　售后服务:010-64518899
网　　址:http://www.cip.com.cn
凡购买本书,如有缺损质量问题,本社销售中心负责调换。

定　　价:35.00 元　　　　　　　　版权所有　违者必究

前言

卓越工程师教育培养计划是我国在新时代背景下，为了提高工程教育质量、培养适应经济社会发展需要的高素质工程技术人才而实施的一项重要教育改革。实验教学作为工程教育的重要组成部分，对培养学生的工程实践能力、创新思维能力和解决复杂工程问题的能力具有不可替代的作用。高分子化学是研究高分子化合物的设计、合成、工艺、性能和应用的一门学科，它涉及化学、物理、材料科学等多个领域。随着科学技术的不断发展，高分子化学在新材料的研发、环境保护、生物医药等方面发挥着越来越重要的作用。因此，学习和掌握高分子化学的基本知识和实验技能对于从事相关领域的学生和研究人员具有重要意义。

本书以教育部工程教育专业认证毕业要求以及工科院校高分子材料与工程专业培养目标为依据，根据产出导向需求设计、编排教材内容。本书与高分子化学课程建设紧密结合，涵盖了高分子化学的基本知识、实验技能以及知识拓展。实验部分除逐步聚合、自由基聚合、配位聚合、开环聚合、聚合物的化学反应等多种聚合方法的介绍以外，还在聚合物结构分析和性能表征方面有一定的涉足，让学生能够在有限的课时中对高分子化学实验及材料表征等相关领域研究有全景式的认识并掌握相关实验操作基础。

本书在实验内容编撰上，秉承经典实验的延续与现代实验的延伸相结合的原则，其中有机玻璃制备、聚合反应动力学、聚乙烯醇缩丁醛等经典实验均有保留；同时，融合了学术界的最新科研成果，如第二章中引入了聚酰亚胺薄膜的制备，第三章中引入了活性自由基聚合，第四章中引入了金属钯-炔复合物引发异腈单体聚合，第六章中引入了接枝共聚物的制备及其自组装性能研究等实验，能够有效扩充学生对高分子学科领域最新知识的认识并能通过亲自操作实现功能性聚合物膜、水凝胶敷料、螺旋结构高分子、聚合物组装体的制备以及结构与性能表征。

本书充分考虑学生实际，精选实验内容，体现实验教学的改革思路，突出特色，着重培养学生的动手能力、独立分析问题和解决问题的能力；每个实验后面，都有与实验内容相关的知识拓展，该部分内容结合最新的科研动态，能有效拓宽学生的知识面，激发学生兴趣，引导学生在掌握基本实验操作后去探索高分子化学前沿知识，为学生从事更高阶段的研究工作打下基础。

本书由合肥工业大学高分子材料与工程系高分子化学课程组编写，其中第一章绪论与第六章聚合物的化学反应由邹辉编写，第二章逐步聚合由魏海兵编写，第三章自由基聚合由殷俊编写，第四章配位聚合由周丽编写，第五章开环聚合由侯小华编写。全书由殷俊修改统稿。

在本书的编写过程中，得到了许多同行和专家的支持和帮助，在此表示衷心的感谢。同时，本教材可能存在不足之处，恳请广大读者和专家批评指正，以便在未来的修订中不断完善。最后，希望本书能够成为您学习和研究高分子化学的良师益友，为您的学术生涯添砖加瓦！

殷　俊

2024 年 6 月于合肥

目录

第一章 绪论 ... 1
- 一、实验室安全规范 ... 1
- 二、单体与引发剂的纯化 ... 2
- 三、聚合反应装置 ... 3
- 四、聚合体系中水分和氧气的去除 ... 4
- 五、聚合物的分离与提纯 ... 4
- 六、聚合物结构与性能的测试 ... 5

第二章 逐步聚合 ... 7
- 实验一 两步法制备聚酰亚胺薄膜 ... 8
- 实验二 双酚 A 型环氧树脂的制备 ... 12
- 实验三 聚氨酯泡沫塑料的制备 ... 16
- 实验四 低分子量端羟基聚己二酸乙二醇酯的制备 ... 20
- 实验五 热固性酚醛树脂的制备 ... 24
- 实验六 可降解智能水凝胶的制备及性能表征 ... 29

第三章 自由基聚合 ... 34
- 实验一 本体聚合制备有机玻璃 ... 35
- 实验二 悬浮聚合制备聚苯乙烯 ... 39
- 实验三 乳液聚合制备聚醋酸乙烯酯胶黏剂 ... 43
- 实验四 自由基聚合反应动力学研究 ... 47
- 实验五 自由基共聚合反应竞聚率的测定 ... 51
- 实验六 原子转移自由基聚合制备聚苯乙烯 ... 55
- 实验七 可逆加成-断裂链转移聚合制备自愈合材料 ... 59

第四章 配位聚合 ... 64
- 实验一 Ziegler-Natta 催化剂催化丙烯配位聚合 ... 66
- 实验二 聚丙烯/蒙脱土纳米复合材料的制备 ... 70
- 实验三 金属钯-炔复合物的合成及异腈单体的聚合 ... 74
- 实验四 负载型茂金属催化剂的制备及其催化乙烯聚合性能的研究 ... 78
- 实验五 非均相 Ziegler-Natta 催化剂催化丁二烯-异戊二烯共聚合 ... 81

实验六　基于前端开环易位聚合快速制备弹性体和具有多级形状记忆功能的梯度材料 ·················· 85

第五章　开环聚合 ············ 90

　　实验一　三聚甲醛的阳离子开环聚合 ············ 92
　　实验二　四氢呋喃的阳离子开环聚合 ············ 96
　　实验三　己内酰胺的阴离子开环聚合 ············ 99
　　实验四　有机铝化合物引发的 β-丙内酯本体聚合 ············ 103
　　实验五　ε-己内酯的开环聚合 ············ 106
　　实验六　降冰片烯及衍生物的开环易位聚合 ············ 109

第六章　聚合物的化学反应 ············ 113

　　实验一　醋酸乙烯酯单体制备聚乙烯醇缩丁醛 ············ 114
　　实验二　丙烯腈-丁二烯-苯乙烯接枝共聚物的合成 ············ 118
　　实验三　聚丙烯腈的部分水解 ············ 122
　　实验四　海藻酸钠基水凝胶的制备 ············ 125
　　实验五　乙基纤维素接枝共聚物的制备及其自组装性能研究 ············ 129

第一章

绪　论

高分子化学与有机化学关系紧密，很多高分子聚合反应都是在有机小分子反应的基础上发展起来的，因此高分子化学实验技术也与有机化学实验技术密切相关，一些基本实验操作有共同之处。但是，聚合反应与小分子反应还存在很多不同之处，高分子化学实验对聚合反应的实施与控制有自己的特点，对相关仪器设备也有自己的要求，因此进行专门的高分子化学实验技能的训练是非常必要的。下面就高分子化学实验中涉及的一些基础知识进行简要介绍。

一、实验室安全规范

在高分子化学实验中，经常需要使用易燃溶剂（如丙酮、正己烷）、易燃易爆试剂（如碱金属、过氧化物）、有毒试剂（如苯、硝基苯）以及有腐蚀性的试剂（如氢氧化钠、浓硫酸）。化学试剂的使用不当，可能引起着火、爆炸、中毒和烧伤等事故。玻璃仪器和电气设备的使用不当也会引发事故。根据《中华人民共和国安全生产法》《中华人民共和国消防法》《危险化学品安全管理条例》《高等学校实验室工作规程》等相关法律条例，学生在进行高分子化学实验时，必须遵守下列安全规范。

① 实验进行之前，应熟悉相关仪器和设备的使用，实验过程中严格遵守使用操作规范。

② 蒸馏易燃液体时，保证塞子不漏气，同时保持接液管出气口的通畅。

③ 使用水浴、油浴或加热套等进行加热操作时，不能随意离开实验岗位；进行回流和蒸馏操作时，冷凝水不必开得太大，以免水流冲破橡胶管或冲开接口。

④ 如果出现火情，需保持镇静，立即移去周围易燃物品，切断火源，同时采取正确的灭火方法，将火扑灭。

⑤ 禁止用手直接取剧毒药品、腐蚀性药品和其他危险药品，必须使用橡胶手套。在进行有刺激性气体、有毒气体或其他危险实验时，必须在通风橱中操作。

⑥ 易燃、易爆、剧毒的试剂应有专人负责保存于合适场所，不得随意摆放；取用和称量需遵从相关规定。

⑦ 实验完毕，应检查电源、水阀和煤气管道是否关闭，特别是在暂时离开时，应交代他人代为照看实验过程。

二、单体与引发剂的纯化

1. 单体的纯化

高分子聚合物是由单体通过聚合得到的,在制备高分子聚合物时,原料的纯度,特别是单体的纯度对聚合反应影响很大。烯类单体反应活性较高,为避免它们在运输、存储过程中发生自聚,会人为地加入少量阻聚剂,这些阻聚剂对反应影响很大,因此在单体使用前必须除去。另外,在单体存放和转移过程中也有可能引入杂质,继而影响聚合反应过程,这部分杂质也需除去。

不同单体的纯化方式不同,固体单体多用结晶、升华的方法进行提纯;液体单体可以采用蒸馏的方法进行纯化;非水溶性烯类单体常用稀碱或稀酸洗涤,后用去离子水洗涤、干燥,减压蒸馏以进行纯化。按照单体中杂质性质的不同,常用的提纯方法如表1.1所示。

表 1.1 单体常用的提纯方法

杂质类型	提纯方法
酸性杂质	用稀碱溶液洗涤除去
碱性杂质	用稀酸溶液洗涤除去
水分	通过无水 $CaCl_2$、无水 Na_2SO_4、无水 $MgSO_4$、CaH_2 或钠除去
含羰基和羟基的杂质	通过活性氧化铝、分子筛或硅胶柱除去

以苯乙烯(styrene, St)为例,其单体纯化过程如下:将60mL的St加入分液漏斗中,用5%的氢氧化钠溶液洗涤,直至溶液变成无色(每次氢氧化钠溶液的用量为10mL);用蒸馏水洗涤至中性,收集有机相,加入无水硫酸钠除去有机相中剩余的水分,至液体澄清透明,抽滤,收集滤液,即可得到纯化的St单体。

纯化后的单体一般在避光、低温条件下可以短时间保存,如需长时间存储,则除了避光、低温条件,还需要惰性气体(如氩气、氮气)保护。实验室通常将提纯后的单体在惰性气体保护下封管、避光、低温保存,使用时取出,取用后应及时密封放回冰箱中。

2. 引发剂的纯化

引发剂对聚合反应影响很大,为了保证聚合反应能够顺利进行,对引发剂进行提纯处理也是非常必要的,常用引发剂的提纯方法如表1.2所示。

表 1.2 常用引发剂的提纯方法

引发剂名称	提纯方法
过氧化二苯甲酰	重结晶提纯。重结晶操作应在室温下进行。将待提纯的过氧化二苯甲酰溶于氯仿中,再加入适量的甲醇或石油醚,使过氧化二苯甲酰析出,过滤,所得固体用冰冻的甲醇洗涤,室温下真空干燥,后避光保存
过氧化二异丙苯	在乙醇中溶解,后用活性炭脱色,冷却析晶,室温下真空干燥,后避光保存
过硫酸钾	重结晶提纯。将过硫酸钾用40℃的水溶解,过滤除去不溶物,滤液冷却结晶,50℃真空干燥,后避光保存
偶氮二异丁腈	重结晶提纯。将偶氮二异丁腈溶于加热至接近沸腾的乙醇中,趁热过滤,滤液冷却结晶,室温下真空干燥,后避光在冰箱中保存

三、聚合反应装置

聚合反应装置是高分子合成的典型装置，通常的聚合反应装置包括三口烧瓶、四口烧瓶、搅拌器、温度计等。若需滴加液体反应物，则需配上滴液漏斗，其中常见的三口烧瓶与四口烧瓶反应装置如图 1.1 所示。

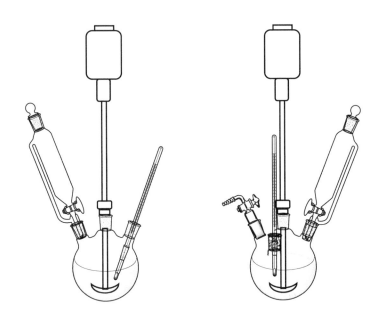

图 1.1　常见的三口烧瓶与四口烧瓶反应装置

一般聚合反应体系需要排除氧气等杂质，在氮气、氩气等惰性气氛下进行反应。为保证良好的保护效果，只向体系中通惰性气体可能达不到预期的效果，一般需要先对反应体系进行除氧处理，同时为防止在反应过程中氧气和水分从反应装置的接口处渗入，必须使反应体系保持一定的惰性气体正压。反应开始前，可先加入固体反应物，后抽真空数分钟，然后充入惰性气体，如此重复 3~5 次，使反应体系中的空气完全被惰性气体置换。之后在惰性气体的保护下，用注射器把液体反应物加入反应体系中，注意在反应过程中需要始终保持一定的惰性气体正压。

根据高分子反应体系的不同特点，需要选择不同的搅拌器。反应物较少时，磁力搅拌是比较好的选择，因为磁力搅拌体系更容易密封，这样可以避免空气中的水分、氧气等进入反应体系干扰反应。当反应物用量较多或体系较黏时，磁力搅拌的效果不明显，这个时候需要采用机械搅拌的方式，其效果会更好。采用机械搅拌时，需要注意体系的密封问题，这是因为搅拌棒在与三口烧瓶或四口烧瓶接口处的搅拌套之间可能存在间隙，导致漏气，此时通过涂覆真空硅脂或是缠绕生胶带可以达到比较好的密封效果。

聚合体系的反应温度是通过热恒温装置进行调节的。实验室最常用的加热装置是水浴和油浴，但是在使用水浴时存在水汽蒸发的问题，因此对于需要反应较长时间的实验，使用油浴的效果及安全性都会更好。加热装置的温度通常可以利用继电器控温仪进行调节控制，同时采用感温探头也是比较好的选择。

若反应温度在室温以下，则需要选择不同的低温浴。如反应需在0℃条件下进行，可以选择用碎冰组成的冰浴；如反应需在-5℃至-20℃条件下进行，可以选择用冰盐混合物体系；如反应需在-30℃条件下进行，可以选择用干冰加溴苯体系；如反应需在-50℃条件下进行，可以选择用干冰加丙二酸二乙酯体系；如反应需在-72℃条件下进行，可以选择用干冰加乙醇体系；如反应需在-100℃条件下进行，可以选择用干冰加乙醚体系；如反应需在-196℃条件下进行，可以选择用液氮体系。除以上的混合物体系，低温浴也可使用专门的制冷恒温设备。

四、聚合体系中水分和氧气的去除

聚合反应过程中，体系中的空气、水分会对某些聚合反应造成很大的影响。同时，高温条件下，体系中残留的氧气也会导致诸如氧化、降解、热氧化降解等许多副反应发生。因此，除去聚合体系中的氧气和水分是许多聚合反应的基本要求之一。

聚合体系中的水分需要通过干燥进行去除，干燥包括反应容器的干燥和反应物的干燥。一般来说，反应容器需要在高于100℃的温度下烘烤2h以上，烘烤后需要立即放入干燥器，从而保证除去容器内壁附着的水分。但是即便如此，在搭建装置时，仍然可能有水分子进入仪器，因此在装置搭建完成后、反应物加入体系之前，需要边抽真空边用小火烘烤仪器一段时间，然后在惰性气体的保护下进行冷却。

对于安全的固体反应物，一般将其装在适当的容器内，后在容器内放入干燥剂，然后抽真空，真空条件下过夜，即可除去其中的水分。液体反应物则可以先用合适的干燥剂干燥，然后进行蒸馏。在此过程中，需要认真选择相应的干燥剂。不同类别化合物常用的干燥剂不同，如缩醛类物质可以用碳酸钾干燥；有机酸可以用硫酸钙、硫酸镁等干燥；酮类可以用硫酸镁、碳酸钾等干燥；醚类可以用硫酸钙、硫酸镁、金属钠等干燥；醇类可以用硫酸镁、硫酸钙初步干燥，再用金属镁、氧化钙进一步干燥；酯类可以用硫酸镁、硫酸钠等干燥；醛类可以用硫酸钙、硫酸镁等干燥；芳烃、饱和烃、卤代烃等可以用硫酸钙、氢化钙等干燥；有机胺可以用氧化钡、氧化钙等干燥。

聚合体系的除氧一般包括反应容器的除氧以及反应物的除氧。反应容器的除氧通常是对容器进行反复、交替地抽真空和充惰性气体（如氩气等）实现的，最后要用惰性气体对体系进行保护。需要指出的是，所用的惰性气体的纯度一定要高，且惰性气体需要保持一定的正压。固体反应物的除氧可以与反应容器的除氧同时进行，即将固体反应物加入反应容器中，然后反复、交替地抽真空和通惰性气体数次。液体反应物可以先用液氮冷却冻结，后抽真空数分钟，然后充入惰性气体，移去液氮，使液体解冻，重复该操作3~5次，即可除去体系中的氧气。

五、聚合物的分离与提纯

聚合反应完成后，为了对聚合产物进行准确的分析表征，一般需要对聚合物进行分离和提纯。提纯有利于提高聚合物的一些性能，对于一些对纯度要求特别高的聚合物，聚合反应完成后必须进行严格的分离、提纯。

1. 聚合物的分离

聚合物的分离方法由聚合物在反应体系中的存在形式决定，聚合物在反应体系中的存在形式大致有沉淀形式、溶液形式、乳液形式三种，针对每种形式，有不同的分离方法，具体如表1.3所示。

表1.3 不同存在形式下聚合物的分离方法

体系中聚合物存在形式	分离方法
沉淀形式	通过过滤或离心方法进行分离
溶液形式	实验室常通过加入沉淀剂，使聚合物沉淀后过滤分离
乳液形式	先破乳，然后过滤、洗涤、干燥进行分离

需要指出的是，在溶液形式聚合物使用沉淀法分离时，对沉淀剂一般有如下的要求：

① 沉淀剂不能溶解聚合物，但是必须能溶解未反应的单体、残留的引发剂、反应体系的溶剂以及聚合反应产生的副产物。

② 沉淀剂沸点较低，不容易被聚合物吸附或包裹其中，这样有利于对沉淀所得的聚合物进行后期干燥。

沉淀时一般需要在比较强烈的搅拌条件下将聚合物溶液滴加到5～10倍量的沉淀剂中。沉淀操作通常在较低温度下进行，或者在滴加完聚合物溶液后将沉淀体系进行冷冻。

2. 聚合物的提纯

如果要对聚合物的结构、性能进行精确的分析，对聚合物进行提纯是必不可少的操作。同时，聚合物提纯也是提高聚合物电学性能、光学性能、生物相容性的重要方法和手段。

聚合物提纯最常用的方法是沉淀法，操作如下：将聚合物配成一定浓度的溶液，然后在剧烈搅拌的条件下，将聚合物溶液滴加到其体积5倍以上的沉淀剂中，过滤，收集固体产物，如此重复多次，即可除去聚合物中可溶于沉淀剂的杂质。为了进一步提高聚合物的纯度，可以进行多次沉淀。

如果聚合物中有溶于水的杂质，通过沉淀法不易提纯时，可以采用透析的方法进行提纯，操作如下：把聚合物体系溶于四氢呋喃、N,N-二甲基甲酰胺、丙酮等与水互溶的有机溶剂中，选用合适截留分子量的透析袋，通过透析进行提纯。

六、聚合物结构与性能的测试

与小分子相比，聚合物结构相对复杂，而且不同结构的聚合物有不同的性能，因此需要借助很多方法和手段对其结构和性能进行分析。聚合物结构与性能分析常用方法和手段如下：

① 核磁共振波谱法（nuclear magnetic resonance spectroscopy，NMR）。该方法可以对聚合物端基进行分析，进而测定聚合物分子的平均聚合度、分子量和支化度，常用来表征聚合物的组成与结构。另外，该方法还可以对聚合反应的动力学过程及聚合物的序列结构进行分析研究。

② 傅里叶变换红外光谱法（fourier transform infrared spectrum，FTIR）。该方法可以对聚合物中的官能团进行表征，帮助分析、判断聚合物的种类。另外，该方法还可以用来测定聚合物的等规度、间规度等；通过对同种聚合物的结晶样品与无定形样品的光谱进

行比较，测定聚合物的结晶度。此外，聚合物分子结构的变化以及链的构型、构象的变化也可以通过红外光谱进行分析测定。

③ 凝胶渗透色谱法（gel permeation chromatography，GPC）。该法可以测定聚合物的分子量和分子量分布。聚合物的分子量是通过流出时间进行测定的，其中流出时间短的分子量较大，流出时间长的分子量较小。需要指出的是，由此法测定的聚合物分子量为相对分子量，测试体系需要有标样，常用的标样一般是具有窄分子量分布的聚苯乙烯或聚甲基丙烯酸甲酯。

④ 热分析法（thermal analysis）。常用的热分析方法有差示扫描量热法（differential scanning calorimetry，DSC）和热失重法（thermo gravimetric analysis，TGA）。其中，差示扫描量热法常用来测定聚合物的玻璃化转变温度（glass transition temperature，T_g）、熔点（melting point，T_m）、结晶度（degree of crystallinity）等，而热失重法则可以用来测试聚合物的热分解温度、热稳定性等。另外，聚合物取向度的估算、结晶聚合物的结晶动力学、固化反应的动力学也可以通过热分析进行测试。

⑤ 显微镜法。显微镜法包括透射电子显微镜法（transmission electron microscope，TEM）、扫描电子显微镜法（scanning electron microscope，SEM）、原子力显微镜法（atomic force microscope，AFM）等。显微镜法可以研究聚合物的链结构及聚集态结构。此外，显微镜法还常被用来研究共混物的相态结构。

第二章

逐步聚合

在高分子合成工业中，尽管自由基聚合得到的聚合物占比最高，但是逐步聚合同样占有重要的地位。逐步聚合的特征是单体转变成高分子的反应是缓慢逐步进行的，每步反应的速率和活化能大致相同。在反应初期，单体很快聚合成低聚物，短期内单体的转化率很高，但是官能团的反应程度却很低。在反应后期，官能团反应程度很高（如＞99%）时，才能得到较高的分子量。除了重要的通用聚合物，如酚醛树脂、环氧树脂、聚酯、聚酰胺是由逐步聚合制备的，大部分的高性能聚合物，如聚砜、聚酰亚胺、液晶高分子也是通过逐步聚合制备的，此外，聚氨酯、聚硅氧烷以及天然高分子也都可以看成逐步聚合物。在本章中，设计聚酰亚胺、环氧树脂、聚氨酯、聚酯、酚醛树脂以及可降解智能水凝胶的制备实验等六个基础实验，让同学们加深对逐步聚合原理的理解以及提高实验操作的实践能力。

实验一　两步法制备聚酰亚胺薄膜

一、实验目的

1. 理解聚酰亚胺的合成原理，加深对逐步聚合的理解，并掌握通过热亚胺化制备聚酰亚胺薄膜的方法。

2. 掌握溶液缩合聚合的操作，学会用现代分析测试技术表征聚合物的物理性质。

3. 了解聚酰亚胺薄膜在多个领域的应用，培养从事产品开发、工艺设计等方面的能力，提高独立分析问题的能力和创新能力。

二、实验原理

聚酰亚胺（polyimide，简称 PI）是指主链中含有酰亚胺环的一类聚合物，是一类综合性能优异的有机高分子材料[1]，耐热温度可达到 500℃甚至更高；且 PI 还可以耐低温，长期使用温度范围为−200～400℃。随着科技的日新月异与工业技术的蓬勃发展，聚酰亚胺薄膜除符合各类产品的物性要求外，更具有高强度、高韧性、耐磨损、耐高温、耐腐蚀等特殊性能，符合轻、薄、短、小、高可靠性的设计要求。近年来，高性能聚酰亚胺（PI）薄膜在高阶挠性印制电路板（FPC）、光刻胶、电子通信及光电显示等产业的新应用，使得新型 PI 薄膜需求日益增多，在工业发展上扮演着越来越重要的角色。

聚酰亚胺的合成方法主要分为两大类[1]：第一类是用二酐单体与二胺单体通过缩聚反应制备聚酰亚胺，该方法需要经过聚酰胺酸中间体，然后通过酰胺酸的关环亚胺化反应得到聚酰亚胺薄膜或粉末；第二类是用已含有酰亚胺环的单体通过芳香亲核取代或金属催化偶联反应得到聚酰亚胺。

本实验的合成方法如图 2.1 所示，以均苯四甲酸酐和 4,4′-二氨基二苯醚通过两步法合成聚酰亚胺。在由二酐和二胺反应生成聚酰胺酸的过程中，二胺氮原子上的孤对电子进攻二酐上的缺电子羰基，使五元环酐开环形成聚酰胺酸。该反应一般在极性非质子溶剂中进行，如 N,N-二甲基甲酰胺（DMF）、N,N-二甲基乙酰胺（DMAc）、二甲基亚砜（DMSO）、N-甲基吡咯烷酮（NMP）等。二酐和二胺生成聚酰胺酸的反应为一个可逆反应，由于正反应生成聚酰胺酸是一个放热反应，因此该反应一般要求在低温下进行。

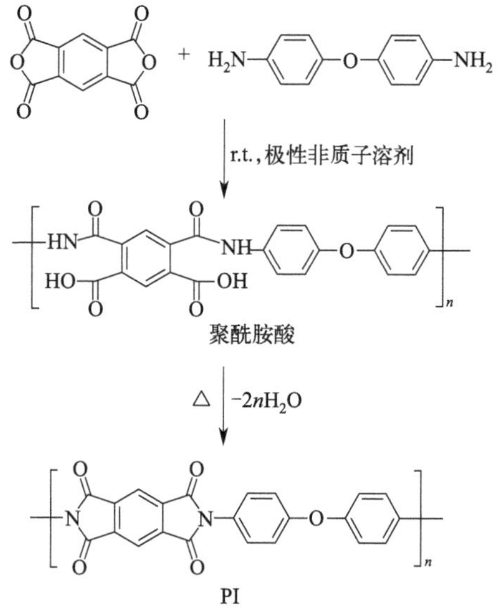

在聚酰胺酸形成之后，可通过加热或者加脱水剂的方法使聚酰胺酸实现分子内脱水环化成聚酰亚胺。热亚胺化可以将聚酰胺酸溶液铺成薄膜，或制成纤维，在加热过程中脱水环化得到聚酰亚胺，同时溶剂随之挥发，其主要反应

图 2.1　用二酐和二胺两步法合成聚酰亚胺

历程如图 2.2 所示。相较于加脱水剂使聚酰胺酸进行亚胺化得到聚酰亚胺的方法，热亚胺化既方便又实用，可以制备薄膜、涂层和纤维等，在工业上或实验室中被广泛使用。

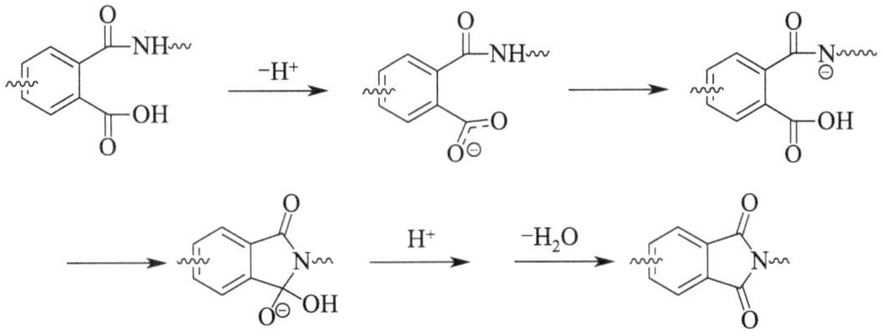

图 2.2 聚酰胺酸热亚胺化脱水成聚酰亚胺

三、仪器与药品

1. 仪器

名称	规格	数量	用途
磁力搅拌器	—	1	加热搅拌反应
惰性气体保护袋	惰性铝箔袋	1	保护气体
油泡通气管	26mm×185mm	1	防止空气进入
气体流量调节阀	—	1	调节气体流速
水平台	—	1	保证涂膜的均匀性
方形载玻片	1.2mm	若干	流延成膜载体
鼓风烘箱	DZF-6020	1	去除溶剂
热重分析仪	TA-Q500	1	研究 PI 薄膜的热稳定性

2. 药品

化学结构式/分子式	中英文名称与 CAS 号	物理与化学性质
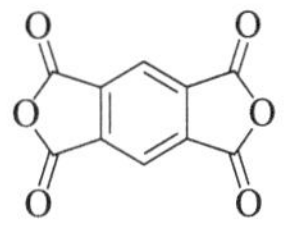	均苯四甲酸酐 pyromellitic dianhydride 89-32-7	摩尔质量：218.12g/mol 溶解性：溶于二甲基亚砜、二甲基甲酰胺等有机溶剂 熔/沸点：283～286℃/397～400℃
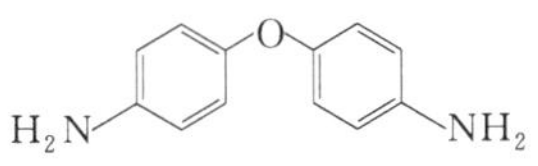	4,4'-二氨基二苯醚 4,4'-diaminodiphenyl ether 101-80-4	摩尔质量：200.24g/mol 溶解性：溶于二甲基亚砜、二甲基甲酰胺等有机溶剂，不溶于水 熔/沸点：188～192℃/(389.4±27.0)℃
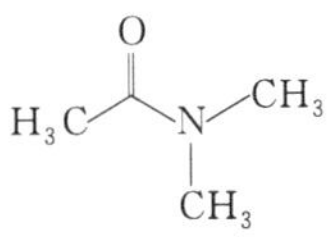	N,N-二甲基乙酰胺 N,N-dimethylacetamide 127-19-5	摩尔质量：87.12g/mol 溶解性：能与水、醇、醚、酯、苯、三氯甲烷和芳香化合物等有机溶剂任意混合 熔/沸点：−20℃/164.5～166℃

四、实验步骤

1. 聚酰胺酸的制备

（1）如图2.3所示，在25mL三口烧瓶中加入0.60g（3.00mmol）4,4′-二氨基二苯醚（ODA），用10mL干燥的 N,N-二甲基乙酰胺（DMAc）溶解；将三口烧瓶的另一端连接上真空水泵，抽真空3min后，缓慢打开氮气袋旋钮，反复3次，让反应体系充满氮气。后接油泡通气管，并控制氮气充入速度，让惰性气体缓慢通入，以防止空气中的水进入反应体系。

（2）待ODA完全溶解后，向体系中加入0.65g（3.00mmol）均苯四甲酸酐（PMDA）。注意在加入的过程中勿将PMDA沾在瓶壁上，若有少许沾在瓶壁上，可用少量DMAc冲落。加入完毕后，继续搅拌反应，让其在室温下反应4h，得到高分子量的聚酰胺酸。可以发现，自PMDA完全溶解后，随着反应的进行，体系的黏度逐渐增加。

2. 热亚胺化法制备聚酰亚胺

提前1h将放置有水平台的鼓风烘箱温度设定为80℃，以除去烘箱中的水分。将上述制备的聚酰胺酸溶液，用吸管吸取约0.5mL滴至载玻片上，用溶液流延法（图2.4）将其初步流平，并置于烘箱的水平台上，缓慢烘干。约12h后，将烘箱按照下列程序升温：150℃，1h；200℃，1h；250℃，1h；300℃，1h。关闭烘箱，让样品在烘箱中缓慢降温，冷却到室温后，取出载玻片并将其置于去离子水中浸泡，以剥离出聚酰亚胺薄膜。用弯折或轻拉薄膜的方法，初步感受PI薄膜的柔韧性。

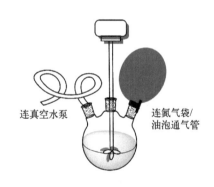 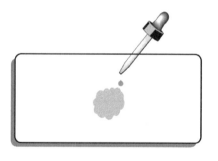

图2.3 聚酰胺酸的制备装置图　　　　　图2.4 溶液流延法

3. 聚酰亚胺膜的热分析

在指导教师的协助下，用热重分析仪（TGA）测定聚酰亚胺薄膜的热分解曲线，记录其失重5%时的分解温度（$T_{5\%}$）和800℃时的残炭率。

注意事项：

1. 均苯四甲酸酐有对眼睛造成严重损害的风险，吸入或与皮肤接触可能引起过敏。
2. 4,4′-二氨基二苯醚可能致癌或造成不可逆的遗传损害。
3. N,N-二甲基乙酰胺可对皮肤产生刺激，其通过皮肤被吸收，为可燃物质。

五、思考题

1. 查阅相关资料，了解聚酰亚胺的结构特征、合成方法、基本性能以及主要的应用场景。

2. 在缩合聚合中,控制聚合物分子量的主要方法有哪些?

六、知识拓展

随着电工、电子行业的迅速发展,国内聚酰亚胺(PI)薄膜材料制造厂商开发了多种商品化的高性能与功能化 PI 薄膜,如桂林电器科学研究院有限公司、江阴天华、深圳瑞华泰薄膜科技股份有限公司等开发的高尺寸稳定性薄膜;桂林电器科学研究院有限公司、苏州嘉银工程技术有限公司、宁波今山电子材料有限公司等开发的黑色 PI 薄膜;桂林电器科学研究院有限公司、天津天缘科技有限公司、天津嘉亿绝缘材料有限公司等开发的耐电晕 PI 薄膜以及长春高琦聚酰亚胺材料有限公司开发的无色透明 PI 薄膜等。2010 年中国科学院化学研究所与深圳瑞华泰薄膜科技股份有限公司开始合作共建以开展 PI 薄膜双向拉伸、无色透明和微孔膜的产业化技术开发等研究为基础的高性能 PI 薄膜材料工程技术中心,以满足我国未来在柔性平板显示器、汽车大功率燃料电池以及有机薄膜太阳能电池等新型高技术产业发展的需求。

随着国内电子工业的发展,尤其是柔性覆铜板(FCCL)的快速发展给聚酰亚胺薄膜市场带来了巨大的发展空间,市场需求日益增加。FCCL 是广泛应用于电子工业、汽车工业、信息产业和各种国防工业用挠性印制电路板(FPC)的主要材料,未来高性能聚酰亚胺(PI)薄膜在柔性有机薄膜太阳能电池、新一代柔性液晶显示器(LCD)和有机发光显示器(OLED)产业以及锂离子等新型动力蓄电池技术和产业中将会有更广阔的市场。

近年来 PI 在高阶 FPC 应用、发光二极管(LED)、电子通信与光电显示等相关产业的新应用如雨后春笋般浮现,新型聚酰亚胺材料的需求日益增多,如应用于手机的黑色聚酰亚胺膜产品、LED 光条背光需求的白色聚酰亚胺膜产品,以及高导热、超薄、可电镀聚酰亚胺膜产品等。PI 膜还用于生产挠性太阳能电池和柔性显示器的透明基板,如 Ube 后续研发重点是光相关材料(LED/EL)与新一代基板材料。此外,天津三星视界移动有限公司计划将薄膜晶体管(TFT)安装在塑料基板上,并用聚酰亚胺薄膜取代基板上所存在的乙烯基塑料保护层,以避免透光率受到影响。

七、参考文献

[1] 丁孟贤. 聚酰亚胺——化学、结构与性能的关系及材料. 北京:科学出版社,2006.

实验二 双酚 A 型环氧树脂的制备

一、实验目的
1. 掌握环氧树脂的合成及固化原理，学习环氧树脂的制备及固化方法。
2. 了解环氧树脂的使用方法和基本物性。
3. 了解双酚 A 型环氧树脂的应用，提高理论联系实际的能力，培养工艺设计能力及独立思考和创新能力。

二、实验原理

环氧树脂（epoxy resin，简称 EP）是一类重要的热固性树脂，是分子结构中含有两个或两个以上环氧基团并在适当的固化剂存在下能反应形成三维网状结构聚合物的总称，其中环氧基团可以位于环氧树脂分子链的末端或侧链上。环氧树脂在没有固化前为线形结构，强度低，使用时必须加入固化剂。环氧基团的反应活性较高，这使得环氧树脂可与多种类型的固化剂（如多元胺、多元羧酸或酸酐、酚醛预聚物等）发生反应而形成不溶且不熔的三维网状结构。固化剂的选择与环氧树脂的固化温度有关，在通常温度下固化一般用多元胺和多元硫胺等，而在较高温度下固化一般选用酸酐和多元羧酸。不同的固化剂，其交联反应也不同。

固化后的环氧树脂具有较好的耐热性，其使用温度可达到 100℃ 左右，且其耐热性可进一步通过单体、固化剂和添加剂等提高至 200℃ 甚至更高。固化后的环氧树脂由于含有大量的羟基、环氧基、氨基和酯键等，对大多数基材（尤其是极性基材）具有较强的黏附力，可作为一种用途广泛的黏结剂，因此有"万能胶"的美誉。环氧树脂具有优良的电绝缘性和介电性能[1,2]，可广泛用于电气和电子工业。此外，环氧树脂还具有固化收缩率低、制品尺寸稳定性好、耐溶剂性好等优点，可作为涂料、胶黏剂、模压料、浇铸料等，广泛应用在国民经济的各个领域。

根据合成所用酚的不同，环氧树脂可以有多种类型。但在工业上考虑到原料的来源，其中使用最为广泛的是双酚 A 型环氧树脂，同时它也是最早开发的环氧树脂类型。双酚 A 型环氧树脂是由双酚 A [2,2-二(4-羟基苯基)丙烷，BPA] 与环氧氯丙烷在碱存在的条件下通过缩合聚合所制备的。反应过程包含开环、加成、缩合、环化等四个主要步骤。每步反应如下：

开环、加成：

$$HO-\text{C}_6\text{H}_4-C(CH_3)_2-\text{C}_6\text{H}_4-OH + Cl-CH_2-CH(O)CH_2 \xrightarrow{NaOH} HO-\text{C}_6\text{H}_4-C(CH_3)_2-\text{C}_6\text{H}_4-O-CH_2-CH(OH)-CH_2Cl$$

缩合：

$$HO-\text{C}_6\text{H}_4-C(CH_3)_2-\text{C}_6\text{H}_4-O-CH_2-CH(OH)-CH_2Cl + HO-\text{C}_6\text{H}_4-C(CH_3)_2-\text{C}_6\text{H}_4-OH \xrightarrow{NaOH}$$

$$HO-\text{C}_6\text{H}_4-C(CH_3)_2-\text{C}_6\text{H}_4-O-CH_2-CH(OH)-CH_2-O-\text{C}_6\text{H}_4-C(CH_3)_2-\text{C}_6\text{H}_4-OH$$

开环、加成：

$$HO-C_6H_4-C(CH_3)_2-C_6H_4-O-CH_2-CH(OH)-CH_2-O-C_6H_4-C(CH_3)_2-C_6H_4-OH + 2\,ClCH_2-CHOCH_2 \xrightarrow{NaOH}$$

$$ClCH_2-CH(OH)-CH_2-O-C_6H_4-C(CH_3)_2-C_6H_4-O-CH_2-CH(OH)-CH_2-O-C_6H_4-C(CH_3)_2-C_6H_4-O-CH_2-CH(OH)-CH_2Cl$$

根据双酚 A 与环氧氯丙烷的原料配比，以上反应重复进行，聚合物的平均聚合度逐渐增加，最终形成具有一定聚合度的产物。

闭环：

$$ClCH_2-CH(OH)-CH_2-[O-C_6H_4-C(CH_3)_2-C_6H_4-O-CH_2-CH(OH)-CH_2-]_n-O-C_6H_4-C(CH_3)_2-C_6H_4-O-CH_2-CH(OH)-CH_2Cl \longrightarrow$$

$$H_2C\underset{O}{-}CH-CH_2-[O-C_6H_4-C(CH_3)_2-C_6H_4-O-CH_2-CH(OH)-CH_2-]_n-O-C_6H_4-C(CH_3)_2-C_6H_4-O-CH_2-CH\underset{O}{-}CH_2$$

总反应式如下：

$$(n+1)\,HO-C_6H_4-C(CH_3)_2-C_6H_4-OH + (n+2)\,ClCH_2-CHOCH_2 \xrightarrow{NaOH}$$

$$H_2C\underset{O}{-}CH-CH_2-[O-C_6H_4-C(CH_3)_2-C_6H_4-O-CH_2-CH(OH)-CH_2-]_n-O-C_6H_4-C(CH_3)_2-C_6H_4-O-CH_2-CH\underset{O}{-}CH_2$$

从上述环氧树脂的化学结构可以看出，环氧树脂在未固化前是线形结构，具有热塑性。在外观上，环氧树脂多为黄色黏稠液体，可长期储存而不变质。

三、仪器与药品

1. 仪器

名称	规格	数量	用途
机械搅拌器	—	1	搅拌
磁力搅拌器	—	1	搅拌
球形冷凝管	—	1	回流冷凝
直形冷凝管	—	1	回流冷凝
恒压滴液漏斗	20mL	1	滴加液体
分液漏斗	—	1	油水分离
四口烧瓶	200mL	1	反应容器
两口烧瓶	100mL	1	反应容器
蒸馏头	—	1	蒸馏
尾接管	—	1	尾气吸收
温度计套管	—	1	测量体系温度
真空水泵	—	1	减压抽滤
恒温水浴	—	1	恒温加热

2. 药品

化学结构式/分子式	中英文名称与CAS号	物理与化学性质
HO-C6H4-C(CH3)2-C6H4-OH	双酚A bisphenol A 80-05-7	摩尔质量:228.29g/mol 溶解性:溶于乙醇、丙酮、苯及稀碱液等,几乎不溶于水 熔/沸点:158~159℃/(400.8±25.0)℃
环氧氯丙烷结构	环氧氯丙烷 epichlorohydrin 106-89-8	摩尔质量:92.52g/mol 溶解性:溶于乙醇、乙醚、氯仿、丙酮、四氯化碳等有机溶剂,微溶于水 熔/沸点:-57℃/115~117℃
C6H5-CH3	甲苯 toluene 108-88-3	摩尔质量:92.14g/mol 溶解性:溶于乙醇、苯、乙醚,不溶于水 熔/沸点:-94.9℃/110~111℃
NaOH	氢氧化钠 sodium hydroxide 1310-73-2	摩尔质量:39.99g/mol 溶解性:能与水混溶生成碱性溶液,也能溶解于甲醇及乙醇 熔点:318.4℃

四、实验步骤

1. 环氧树脂的制备

(1) 称取2.4g（0.06mol）氢氧化钠，加入10mL去离子水，配制成氢氧化钠水溶液，冷却至室温备用。

(2) 在装有机械搅拌器、温度计、球形冷凝管和恒压滴液漏斗的四口烧瓶中，加入6.85g（0.03mol）双酚A和7mL（8.33g，0.09mol）环氧氯丙烷，开动搅拌并缓慢升温至60℃，使双酚A完全溶解。

(3) 维持体系温度为60℃，将已经配好的NaOH溶液通过恒压滴液漏斗向体系中缓慢滴加，大约1~1.5h滴加完毕。

(4) 碱液滴加完毕后，提高反应温度至70~75℃，在此温度下反应约1.5h，此时体系逐渐变为乳黄色。

(5) 停止反应，适当冷却后，向体系中加入40mL甲苯和20mL去离子水，搅拌均匀后，倒入分液漏斗中，静置分层。将水相除去后，再分别用30mL去离子水洗涤有机相2次，以完全除去体系中过量的碱和产生的氯化钠。

(6) 将洗净的有机相转入加有磁力搅拌子的两口烧瓶（预先称重）中减压蒸馏。先减压，再缓慢升温，以除去有机相中的甲苯及过量的环氧氯丙烷，得到黄色黏稠状的双酚A型环氧树脂。蒸馏时需注意缓缓升温，以控制好馏分的馏出速度。称量最终产物质量，计算树脂产率。

2. 环氧树脂固化后的黏结实验

称取约4g上述制备的环氧树脂于50mL烧杯中，加入0.3mL乙二胺固化剂，快速用玻璃棒搅拌均匀后，取少量样品薄而均匀地涂覆在两块洁净的玻璃片表面，对准端面合拢后，用夹具固定，将其置于60℃的烘箱中固化4h，用于评价环氧树脂固化后的黏结效果。

注意事项：

1. 双酚A型环氧树脂制备中，开始加热时要缓慢，因为环氧氯丙烷开环是放热反应，体系温度会自动升高。

2. 用过的四口烧瓶、两口烧瓶、烧杯可先用少量甲苯刷洗，再用少量丙酮洗，最后用水洗净。

五、思考题

1. 从反应机理角度分析影响环氧树脂制备的主要因素。
2. 以乙二胺为固化剂，写出双酚 A 型环氧树脂的固化反应方程式。
3. 查阅资料，了解环氧树脂的环氧值以及环氧值的计算和实验测定方法。
4. 结合资料，思考除了本实验所用的乙二胺，还可以使用什么作为固化剂。

六、知识拓展

得益于相关领域的新品种和固化剂的不断推出以及环氧树脂产品深加工技术的创新，环氧树脂自问世以来发展迅速，其优异的性能使该产品可以广泛应用于许多领域。其中，双酚 A 型环氧树脂的市场前景及用量都最为可观。双酚 A 型环氧树脂具有良好的绝缘性能、黏合能力、耐高温性能、机械性能等，可用于室内外涂装、电子产品及化学设备等领域，是目前高分子树脂行业中最基本的化学品之一。

环氧树脂的用途广泛，其中之一便是用于特高压电网中的绝缘子基材。如中国河南平高电气股份有限公司曾成功研制了特大尺寸盆式绝缘子，其玻璃化转变温度达到 140℃ 以上，水压破坏强度达到 4.0MPa，在 0.6MPa 的六氟化硫（SF_6）气体压力（20℃ 表压）条件下，可获得优异的绝缘水平。由此可见，国内在大型盆式绝缘子方面的研究取得了初步成功，但对绝缘件材料结构性能关系、制造工艺及良品率等的研究与国际先进水平仍然存在一定的差距。环氧树脂所存在的韧性差这一缺陷，影响了其在很多方面的应用。为了提高环氧树脂的韧性，需要对其进行增韧改性，主要通过高分子塑料、无机粒子和橡胶增韧改性这三种策略。环氧树脂改性增韧技术在汽车、建筑、电子、航空航天等领域的胶黏剂、密封胶、涂料等材料上得到了大量应用。

七、参考文献

[1] Zhou S，Tao R，Dai P，et al. Two-step fabrication of lignin-based flame retardant for enhancing the thermal and fire retardancy properties of epoxy resin composites. Polymer Composites，2020，41（5）：2025-2035.

[2] Miao X，Qu D，Yang D，et al. Synthesis of carbon dots with multiple color emission by controlled graphitization and surface functionalization. Advanced Materials，2018，30（1）：1704740.

实验三 聚氨酯泡沫塑料的制备

一、实验目的

1. 理解聚氨酯的合成原理,加深对逐步加成聚合的理解。
2. 掌握聚氨酯泡沫的制备及成型方法。
3. 了解聚氨酯泡沫塑料在工业以及民用建筑等方面的应用,提高理论联系实际的能力,养成善于观察、归纳、分析与总结的习惯。

二、实验原理

聚氨酯(polyurethane,PU)是一种分子链中含有重复的氨基甲酸酯基团(—NH—COO—)的聚合物,一般由低聚的聚醚或聚酯多元醇长链构成软段,由二异氰酸酯及扩链剂构成硬段,软硬段交替排列形成聚氨酯的重复结构单元。除含有氨基甲酸酯基团外,聚氨酯中还可能含有醚、酯或脲基团。由于上述大量极性基团的存在,在聚氨酯的分子内和分子间形成氢键,软硬段间也可形成不同的相区并可产生微观相分离结构,因此即使是线形结构的聚氨酯也可以形成物理交联。这些结构特点使得聚氨酯材料具有优异的耐磨性和韧性,故有"耐磨橡胶"之称。此外,由于制备聚氨酯的多元醇、异氰酸酯等原料结构丰富,可通过调节多元醇、异氰酸酯和扩链剂等原料的种类及配比,制成不同性能范围的聚氨酯制品。

聚氨酯材料具有泡沫塑料、涂料、合成革、弹性体、纤维、胶黏剂、防水材料以及铺装材料等多种产品形式,广泛地用于交通运输、建筑、家具、合成皮革、电子设备、食品加工、印刷、矿冶、石油化工等领域。聚氨酯泡沫塑料是聚氨酯材料中用量最大的品种,占聚氨酯制品的50%以上。在聚氨酯泡沫的制备过程中主要发生的反应有:

① 异氰酸酯与多元醇的羟基反应,生成氨基甲酸酯键,该反应为聚氨酯泡沫制备过程中的"凝胶反应",反应方程式如下:

$$\text{OCN—R—NCO} + \text{HO}\text{〜〜}\text{OH} \longrightarrow \text{OCN—R—}\left[\begin{array}{c}\text{H O} \\ | \ \| \\ \text{N—C—O}\end{array}\text{〜〜}\begin{array}{c}\text{O H} \\ \| \ | \\ \text{O—C—N}\end{array}\text{—R—}\right]_n\text{NCO}$$

② 异氰酸根与水的反应,生成氨基甲酸,但氨基甲酸不稳定,易分解产生伯胺和二氧化碳。二氧化碳气体造成体系的发泡,伯胺也会进一步与异氰酸根反应生成脲键。需要指出的是,水和异氰酸根反应时会放热,大约每消耗 1mol 水会释放出 47kcal(1kcal=4.184kJ)的热量,它与凝胶反应一起作为发泡过程中放热的主要来源。反应方程式如下:

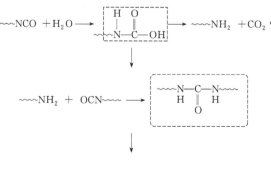

$$\begin{array}{c}\sim\!\!\!\!\!\!\sim\!\!\!\!\text{N}-\underset{\underset{\text{O}}{\|}}{\text{C}}-\underset{\text{H}}{\text{N}}\!\!\!\sim\!\!\!\!\sim + \text{OCN}\!\!\sim\!\!\!\!\sim \longrightarrow \sim\!\!\!\!\!\sim\!\!\text{N}-\underset{\underset{\text{O}}{\|}}{\text{C}}-\underset{\text{H}}{\text{N}}-\underset{\underset{\text{O}}{\|}}{\text{C}}-\underset{\text{H}}{\text{N}}\!\!\!\sim\!\!\!\!\sim\end{array}$$

三、仪器与药品

1. 仪器

名称	规格	数量	用途
机械搅拌器	—	—	物料搅拌
鼓风烘箱	DZF-6020	1	干燥
圆筒状容器(可为塑料杯、纸杯等)	—	2	PU 发泡容器
玻璃棒	—	1	搅拌

2. 药品

化学结构式/分子式	中英文名称与CAS号	物理与化学性质
(结构式，R=CH, CCH$_3$; n=1.6)	聚醚多元醇 303 polyether polyol 9003-11-6	摩尔质量：约350g/mol 官能度：3 羟值：480.8mg(KOH)/g 黏度：300~400mPa·s
(结构式，R=CH, CCH$_3$; n=17)	聚醚多元醇 330 polyether polyol 9003-11-6	摩尔质量：约3000g/mol 官能度：3 羟值：56.1mg(KOH)/g 黏度：400~500mPa·s
(PAPI结构式)	多亚甲基多苯基 多异氰酸酯 PAPI 9016-87-9	摩尔质量：250.25g/mol 溶解性：溶于氯苯、邻二氯苯、甲苯等 熔/沸点：200℃/(373.4±35.0)℃
H$_3$C(H$_2$C)$_9$COO—Sn—OOC(CH$_2$)$_9$CH$_3$ （带两个丁基侧链）	二月桂酸二丁基锡 dibutyltin dilaurate, DBTDL 77-58-7	摩尔质量：631.56g/mol 溶解性：能溶于苯、乙酸乙酯、丙酮、石油醚等有机溶剂，不溶于水 熔/沸点：22~24℃/(560.5±19.0)℃

续表

化学结构式/分子式	中英文名称与CAS号	物理与化学性质
![结构式] 2,4,6-三(二甲氨基甲基)苯酚结构	2,4,6-三(二甲氨基甲基)苯酚 DMP-30 90-72-2	摩尔质量:265.39g/mol 溶解性:溶于醇、苯、丙酮、水等 沸点:320.5℃

四、实验步骤

1. 首先取两个纸杯，分别命名为1号与2号。

2. 在1号纸杯中依次加入1.0g去离子水、8.4g聚醚多元醇330、13.1g聚醚多元醇303、0.3g DBTDL、0.3g DMP-30、1.5g AK8805硅油，然后开动机械搅拌器使其混合均匀，搅拌时注意搅拌桨与杯底留有一段距离（约0.5～1cm），不要与杯底接触。将其放入烘箱中充分反应。

3. 在2号纸杯中加入PAPI 32.7g，将烘箱中的1号纸杯取出，随后将2号纸杯中的PAPI迅速倒入1号纸杯中，并开启搅拌器，以大约1200r/min的速度均匀搅拌15s后将纸杯置于水平的桌面上，可观察到液体逐渐变白且有反应热放出，此时发泡过程开始，随后泡沫在杯中自由发泡。

4. 待泡沫上升停止后，发现泡沫已经变硬。将纸杯在室温下放置0.5h，随后移入预先加热至70℃的鼓风烘箱中，熟化1h左右，即可得到一块白色的硬质聚氨酯泡沫塑料，如图2.5所示。

图2.5 硬质聚氨酯泡沫塑料

五、思考题

1. 查阅相关资料，了解聚氨酯的结构特征、合成方法、基本性能以及主要的应用场所。
2. 说明在该实验所用配方中各组分的作用。
3. 聚氨酯泡沫的软硬由哪些因素决定？如何获得较为均匀的泡孔结构？

六、知识拓展

新技术开发注重环保，聚氨酯（PU）工业迅猛发展的势头有赖于其技术的快速发展及应用领域的不断拓展。在众多新产品的开发中，PU发泡剂的研究工作尤为引人关注[1]。刘贤明[2]对低发泡工艺进行了潜心研究。邱颜臣等[3]论述了氯氟烃（CFC-11）替代品的性质及由其制作的硬质PU泡沫塑料在全无氟绿色冰箱中的应用研究成果，解决了环戊烷发泡剂易燃、易爆及在聚醚多元醇中溶解性差的问题。

随着人们对PU泡沫塑料认识的加深，PU产品的应用领域将进一步拓宽。总体来看，近年来PU工业的发展虽然随着全球经济的起伏而有所波动，但一直保持着较为良好的发展趋势。可以预料，随着科技的进步及新应用领域的拓展，涉及汽车、家电、建筑、家具、纺织、医药等众多领域的PU工业的发展将为人们带来更为便利和舒适的生活。而中国这一具有巨大潜力的市场，在吸收了世界水平的技术和规模装置后，必将成为世界PU工业发展的动力源泉。

七、参考文献

[1] 张慧波，杨绪杰，孙向东．我国聚氨酯泡沫塑料的发展近况．工程塑料应用，2005，33（2）：71-73.
[2] 刘贤明．低CFC发泡工艺．聚氨酯工业，1998，13（3）：38-41.
[3] 邱颜臣，潘玉凤，周红，等．环戊烷发泡剂及其聚氨酯硬泡性能研究．塑料科技，2000，14（8）：4-16.

实验四　低分子量端羟基聚己二酸乙二醇酯的制备

一、实验目的

1. 加深对逐步聚合反应原理的理解，掌握熔融缩聚反应的实验操作以及分子量的控制方法。

2. 根据高分子材料的特定需求，针对性地选择研究路线，设计科学有效的实验方案并熟悉相应的表征手段。

3. 了解聚酯在工业生产领域的应用，培养从事产品研发、工艺设计等方面的能力，提高独立分析能力和创新能力。

二、实验原理

聚酯泛指主链上含有酯基结构的高分子，一般可由多元醇和多元酸缩聚而成。但由于酯化反应本身的平衡常数 K 往往很低，大约在 4~10 之间，所得聚酯的分子量往往不高。但是当反应条件改变时，例如将反应中生成的小分子从反应体系中移除时，原先的平衡即被破坏，使酯化反应朝着聚合物生成的方向移动，从而提高官能团的反应程度，可获得较高分子量的聚酯。

影响缩聚产物分子量最主要的因素是两种官能团的物质的量之比，在反应程度 p 相近的情况下，两种官能团的物质的量之比 r 越接近于 1，所得聚合物的分子量就越高。可以通过调节两种官能团的物质的量之比 r 和反应程度 p 来设计缩聚物的端基结构以及计算缩聚物的聚合度，其平均聚合度（$\overline{X}_n$）、官能团的物质的量之比 r 和反应程度 p 之间存在如下关系：

$$\overline{X}_n = \frac{1+r}{1+r-2rp}$$

实际上，在设计通过缩聚反应制备多嵌段共聚物时，其中某一嵌段的聚合度和端基结构正是通过调节两共聚单体的物质的量之比得到的。

除了两官能团的物质的量之比之外，反应程度 p 也是影响缩聚物分子量的另一主要因素。对于某一确定的缩聚反应而言，如二元羧酸和二元醇的缩聚反应，其较低的平衡常数 K 决定其难以获得高分子量的产物。因此，为了使聚酯化反应的平衡朝生成聚合物的方向移动，一个有效的措施是从聚合体系中移除正反应所生成的水分子，降低体系中残留水的浓度，提高反应程度 p。聚酯的缩聚反应多数为本体聚合，随着反应的进行，体系黏度增加。为了及时地除去反应体系中生成的水分，反应后期往往在高温、低压（高真空）的条件下进行，同时也常采取提高搅拌速度和通入惰性气体等方法以利于水分的有效排除。

本实验用己二酸和乙二醇为原料合成分子量为 2000 左右的端羟基聚己二酸乙二醇酯，其反应方程式为：

$$(n+1)\text{HOOC}(\text{CH}_2)_4\text{COOH} + n\text{HO}-\text{CH}_2-\text{CH}_2-\text{OH} \rightleftharpoons$$

$$\text{HO}-\text{CH}_2-\text{CH}_2-\text{O}\left[\overset{O}{\overset{\|}{\text{C}}}(\text{CH}_2)_4\overset{O}{\overset{\|}{\text{C}}}-\text{O}-\text{CH}_2-\text{CH}_2-\text{O}\right]_n\text{H} + 2n\text{H}_2\text{O}$$

需要指出的是，该类端羟基封端的聚酯主要作为聚酯多元醇用于聚酯型聚氨酯的制备。

三、仪器与药品

1. 仪器

名称	规格	数量	用途
机械搅拌器	—	1	搅拌
四口烧瓶	250mL	1	反应容器
电加热套	—	1	加热熔融
油水分离器	—	1	除去反应中的水分
冷凝管	—	1	冷凝回流
真空水泵	—	1	抽真空
惰性气体导管	—	1	输送 N_2
油泡通气管	—	1	监测通气速度
温度计	0~250℃	1	测量体系温度

2. 药品

化学结构式/分子式	中英文名称与CAS号	物理与化学性质
（己二酸结构式）	己二酸 adipic acid 124-04-9	摩尔质量：146.14g/mol 溶解性：稍溶于水，微溶于醚，易溶于醇，不溶于苯 熔/沸点：151~154℃/(338.5±15.0)℃
HO—CH₂CH₂—OH	乙二醇 ethylene glycol 107-21-1	摩尔质量：62.07g/mol 溶解性：与水、丙酮互溶，但在醚类中溶解度较小 熔/沸点：-12.9℃/195~198℃
（对甲苯磺酸结构式）	对甲苯磺酸 p-toluenesulfonic acid 104-15-4	摩尔质量：172.20g/mol 溶解性：可溶于水、醇和其他极性溶，易潮解 熔/沸点：106~107℃/116℃
（亚磷酸三苯酯结构式）	亚磷酸三苯酯 triphenyl phosphite 101-02-0	摩尔质量：310.28g/mol 溶解性：不溶于水，溶于醇、醚和芳烃类有机溶剂 熔/沸点：22~24℃/(360±11.0)℃

四、实验步骤

1. 根据图 2.6，在装配有机械搅拌器、油水分离器、温度计和氮气导管的 250mL 四口烧瓶中，加入 0.195mol（28.5g）己二酸、0.20mmol（12.4g）乙二醇、50mg 对甲苯磺酸和 30mg 亚磷酸三苯酯。缓缓通入氮气（通气速度可通过油泡通气管监测），用电加热套缓慢给体系加热，直至己二酸熔融。开动机械搅拌，并继续升温至约 140℃，此时可以发现四口烧瓶壁有水汽凝结。通过电加热套电压控制体系的升温速度使聚合反应均匀出水，直至升温至

180℃，在此温度下恒温 30min，此时析水量几乎不再增加。

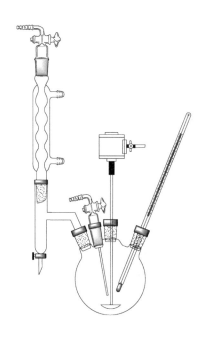

图 2.6　端羟基聚己二酸乙二醇酯的合成装置图

2. 将冷凝管末端的油泡通气管取下，接上连有真空水泵的抽气管，并用止血钳夹住氮气入口。开动真空水泵，使体系的真空度约为 4.0kPa（约 30mm Hg）。再次记录析出的水量，当油水分离器中的水量不再增加的时候，控制电加热套电压，使体系温度升高至 200℃，并让体系在此温度和真空度下继续反应 30min。

3. 停止加热，使体系在搅拌状态下缓慢降温至 100～120℃时撤去真空系统，并停止搅拌，得到的淡黄色黏稠状液体即为端羟基聚己二酸乙二醇酯。

五、思考题

1. 用该实验所用的原料配比，计算所得聚酯的最大分子量可以达到多少。
2. 在熔融缩聚反应后期，体系黏度增大后影响聚合的不利因素有哪些？如何克服这些不利因素使反应顺利进行？
3. 查阅资料，了解工业上生产高分子量聚对苯二甲酸乙二醇酯的主要方法并分析工业上采用该方法的主要原因。

六、知识拓展

聚酯作为主要的化学合成材料之一，广泛应用于纤维、包装、工程塑料、医用材料等领域。近二十年来，在技术进步和市场需求的推动下，中国聚酯工业的快速发展有效缓解了国内纺织原料不足和结构性矛盾，促进了人造纤维、纺织及相关产业的快速发展。

从 20 世纪 90 年代开始，由于亚太地区经济高速增长，聚酯工业的发展重心开始转向亚洲[1]。中国的聚酯工业以高起点、低投入、大规模的后发优势实现了高速发展，2010 年中国聚酯产量超过 2500 万吨，占全球聚酯总量的 2/3 以上，成为世界第一聚酯大国，确立了在世界聚酯产业中的重要地位[2]。

随着聚酯工业在我国的繁荣发展，聚酯工艺及设备技术有了长足进步，在业界出现了较为有影响力的工程技术公司如中国昆仑工程有限公司、扬州惠通科技股份有限公司等，在流程、效率、副反应、原料回收率、运行周期等方面均体现了较高的水平。国内聚酯工艺多采用四/五釜工艺，但国外已较多地使用三釜工艺，具有项目计划周期短、生产成本较低、生产的柔性大等优势[3]。在催化剂技术方面上，国内技术还停留在锑系阶段，钛系催化技术存在推广上的难题，而这两种催化体系均存在一些问题：锑系催化剂本身具有毒性以及钛系催化剂会使产品黄变等。

就目前的市场现状而言，全球聚酯产业链已步入产能过剩期，针对该问题，我国国家发展和改革委员会2019年公布的《产业结构调整指导目录（2019年本）》中将聚酯产业作为一个重点进行结构调整，鼓励差别化、功能性聚酯的连续共聚改性和新型聚酯和纤维的开发、生产和应用。聚酯产业具有技术密集型、资金密集型、资源密集型的特点，我国的聚酯行业也具备较高水平的资本化、系统化、规模化，但是差异化、功能化还是薄弱环节。《产业结构调整指导目录（2019年本）》为我国聚酯产业的发展提供了方向和蓝图。

对于今后的发展趋势，炼化一体化是今后聚酯产业的规划发展的主要趋势，工程技术创新发展是聚酯产业发展的首要趋势，拓宽聚酯产品应用领域是产业发展的重要趋势，节能减排是聚酯产业发展必然趋势，环保是聚酯产业可持续发展的重要途径[3]。

七、参考文献

[1] 刘玉栓. 聚酯发展历史与趋势. 山东化工，2013，42（8）：53-57.
[2] 汪少朋. 中国聚酯工业技术的现状和发展趋势. 化工新型材料，2011，39（3）：26-29.
[3] 张鑫，张健，陈颖. 中国聚酯产业规划发展趋势浅析. 聚酯工业，2022，35（2）：11-13.

实验五 热固性酚醛树脂的制备

一、实验目的
1. 了解酚醛树脂的制备原理和操作,合成热固性酚醛树脂。
2. 了解反应物的配比和反应条件对酚醛树脂结构的影响。
3. 了解酚醛树脂的特性与所制造产品的应用,通过实验设计的讨论和实验结果的分析,培养科学思维方法,提高独立工作能力。

二、实验原理

酚醛树脂(phenol-formaldehyde resins,简称 PF 树脂)由苯酚和甲醛在一定条件下,经过复杂的缩合聚合反应而制得。酚醛树脂塑料是第一个商品化的人工合成聚合物,具有强度高、尺寸稳定性好、抗冲击、抗蠕变以及耐溶剂和耐湿气性能良好等优点。大多数酚醛树脂都需要用有机或无机填料进行增强,通用级酚醛树脂常用黏土及短纤维等来增强,工程级酚醛树脂则要用玻璃纤维、石墨及聚四氟乙烯来增强。酚醛聚合物可作为黏合剂,应用于胶合板、纤维板和砂轮,还可作为涂料,例如酚醛清漆。含有酚醛树脂的复合材料可以用于航空飞行器,也可以做成开关、插座及机壳等。

酚醛树脂可以分为热塑性酚醛树脂和热固性酚醛树脂。热塑性酚醛树脂其聚合物结构为直链的线形结构,也称为线形酚醛树脂。通常热塑性酚醛树脂制备时苯酚是过量的,常用的甲醛和苯酚的物质的量之比为 (0.70~0.90):1。热塑性酚醛树脂以草酸或硫酸作催化剂,经过多次加成和缩聚反应得到。

在碱催化且甲醛过量的条件下,可制得热固性酚醛树脂。热固性酚醛树脂的逐步聚合一般在碱性催化剂存在下进行,常见的催化剂有氨水、叔胺、金属氢氧化物、碳酸钠等。

在本实验中,苯酚和甲醛经过多次加成,可以制成可溶、可熔、流动性好的 A 阶酚醛树脂(即所谓的 Resoles 树脂),此时反应程度 p 小于凝胶点 p_c。随着反应程度的增加,A 阶酚醛树脂可以进一步变为 B 阶酚醛树脂,此时黏度进一步增加,反应程度 p 接近凝胶点 p_c,但是仍然可以熔融加工。如果继续让 B 阶酚醛树脂受热,反应程度进一步增加,会使其交联固化,不能再溶解和熔融,即变为 C 阶酚醛树脂,此时反应程度 p 大于凝胶点 p_c。制备 A 阶酚醛树脂所使用的甲醛与苯酚的物质的量之比为 (1.2~3.0):1,甲醛可用 40% 左右的水溶液,碱可以用 NaOH 或氨水等,在 80~90℃ 条件下加热反应 2h 左右,就可以达到预聚要求(A 阶酚醛树脂)。预聚物为固体或液体,其分子量一般为 500~5000,呈微酸性,其水溶性与树脂的组成及其分子量等因素有关。交联反应通常在较高的温度下(如 150℃)下进行,形成亚甲基桥和苄基醚键交联的体型交联结构。碱性条件下酚醛树脂制备的反应原理如图 2.7 所示。

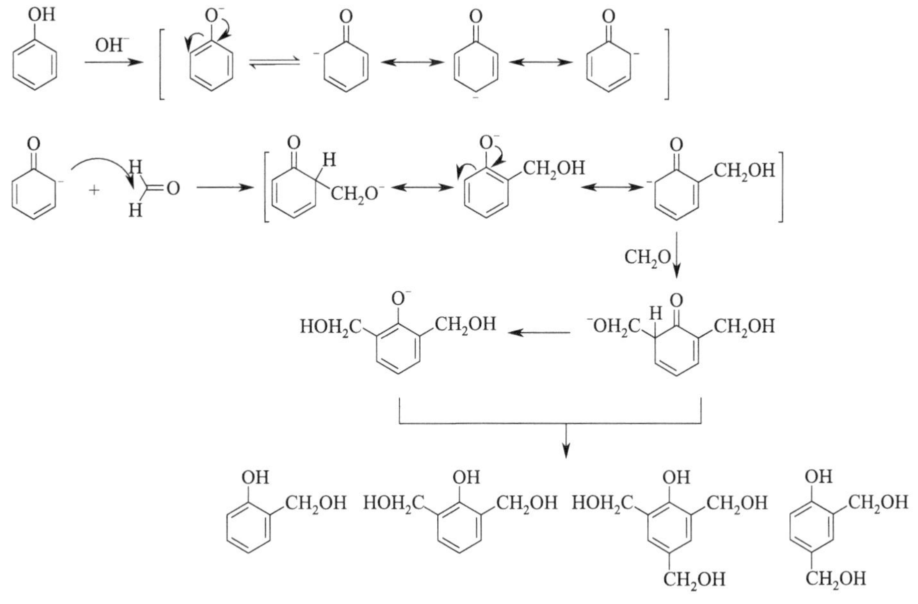

(A阶酚醛树脂)

加热时：

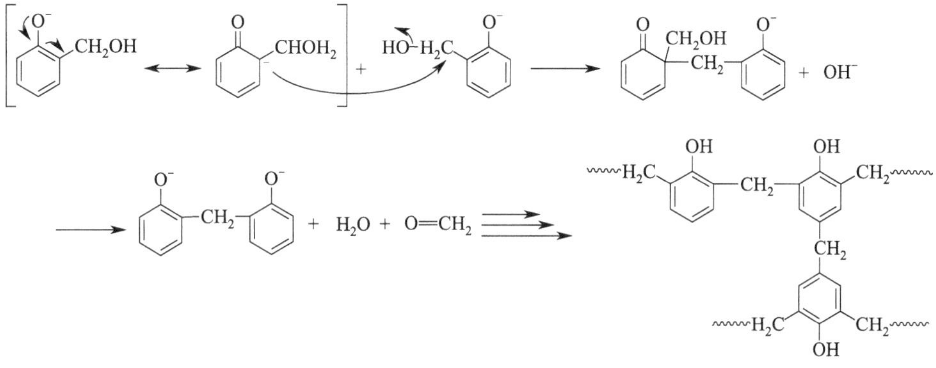

(C阶酚醛树脂)

图 2.7 碱催化、醛过量的酚醛预聚物制备及加热交联的反应原理图

三、仪器与药品

1. 仪器

名称	规格	数量	用途
三口烧瓶	—	1	反应容器
机械搅拌器	—	1	搅拌
球形冷凝管	—	1	冷凝回流
温度计套管	—	1	保护温度计
电加热板	—	1	加热固化
表面接触温度计	—	1	测温

2. 药品

化学结构式/分子式	中英文名称与CAS号	物理与化学性质
![phenol structure] C6H5OH	苯酚 phenol 108-95-2	摩尔质量:94.11g/mol 溶解性:溶于水,与乙醇、乙醚、乙酸、氯仿、丙酮、和苯等互溶 熔/沸点:40～42℃/181.8℃
H-CHO	甲醛 formaldehyde 50-00-0	摩尔质量:30.03g/mol 溶解性:易溶于水、醇和醚 熔/沸点:-92℃/-19.5℃
$NH_3 \cdot H_2O$	氨水 ammonium hydroxide 1336-21-6	摩尔质量:35.05g/mol 溶解性:极易溶于水,在标准状况下,氨气的水溶性非常高,可以在水中产生少量氢氧根,使溶液呈弱碱性 熔/沸点:-77.7℃/-33.5℃
$CH_3(CH_2)_{15}CH_2COOH$	硬脂酸 stearic acid 57-11-4	摩尔质量:284.48g/mol 溶解性:不溶于水,微溶于丙酮、苯,易溶于乙醚、氯仿、热乙醇等 熔/沸点:67～72℃/361℃

四、实验步骤

1. A阶或B阶酚醛树脂的制备

向装有机械搅拌器、冷凝管和温度计的三口烧瓶中加入苯酚25g、37%（质量分数）的甲醛水溶液25mL、硬脂酸0.2g。开动搅拌器,让体系充分搅拌后,加入20%的氨水10mL。用水浴缓慢将体系加热至55～65℃,温度达到后在该温度下反应15min。然后将体系缓慢升温至90℃以上,并在此温度下反应。当反应液突然变成乳黄色的浑浊液后,再搅拌约20～30min后停止,此时反应物能较快地分相（上层为水相,下层为酚醛树脂相）。停止加热,待休系稍冷却后,静置片刻,倾去上层的废水后将得到的酚醛树脂倒入25mL的烧杯中,并用热水洗涤树脂数次,使pH为7左右,得亮黄色的固体树脂。

2. 酚醛树脂的固化及固化速度的测定

将电加热板加热至150℃左右,放上约3g上述制备的酚醛树脂（A阶或B阶）,用玻璃棒将它均匀涂覆在电热板上（大约1～2cm²的面积）,并不断搅拌,当树脂加到电加热板上的一瞬间就开动秒表计时。在上述树脂涂覆的面积内,当树脂由稀变稠不断搅拌抽丝,直到无法抽丝呈团状时,停止计时并记录所需时间。该时间即记为树脂的固化速度,一般以秒计。

3. 具体的实验流程（图2.8）

注意事项：

1. 反应要在通风橱中进行。
2. 在电加热板上固化时,注意操作步骤及安全。

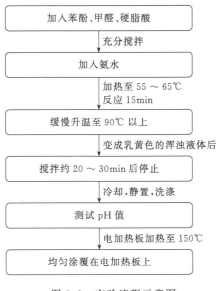

图 2.8 实验流程示意图

五、思考题

1. 在该实验中需要加入少量的硬脂酸,其目的是什么?
2. 热固性酚醛树脂与热塑性酚醛树脂有何区别?写出其主要的反应方程式并指出其主要用途。

六、知识拓展

酚醛树脂作为重要的热固性树脂品种之一,迄今已有逾百年的历史。由于原料易得、成本低廉以及良好的机械性能、耐热性和电性能,酚醛树脂被广泛应用于先进复合材料领域,例如用于加工成具有良好耐烧蚀性能的树脂基复合材料和碳/碳复合材料。众所周知,酚醛树脂只有固化形成三维交联结构才能成为有实用价值的材料。然而,固化的酚醛树脂相当稳定,具有很好的耐热性和耐化学腐蚀性。此外,固化后的酚醛树脂既不溶解也不熔融,导致酚醛树脂及其复合材料在达到其使用寿命后的回收过程非常复杂、回收产物利用价值低。随着对树脂基复合材料的需求量越来越大和对其性能要求越来越高,赋予以酚醛树脂为代表的热固性树脂可回收功能和可重复加工的功能,不仅可以减少大量废弃物对环境造成的危害,还具有可观的经济效益。

目前回收酚醛树脂的方法主要有物理法和化学法两类。物理法主要指机械粉碎法,是将酚醛树脂及其复合材料通过机械碾磨或切碎等方式,获得尺寸不一的块体颗粒或细粉。但是,该方法会破坏纤维的原始结构,得到的粉碎粒料仅能当作填料或添加剂使用。化学法是通过热分解、溶剂分解或超临界流体分解等方法将树脂降解为低分子量单体,从而实现回收再利用。例如日本山行大学的 Suzuki 研究组[1] 和国内哈尔滨工业大学的黄玉东教授研究组[2] 以超临界水为反应介质,实现了酚醛树脂预聚体以及碳纤维/酚醛树脂复合材料的分解,但该过程需要在 450℃下进行,同时树脂的分解率低。Ozaki 研究组[3] 以超临界甲醇取代超临界水作为反应介质,在 420℃、较短的时间下,单体产率即达到 94%,但得到的仍是苯酚、甲基苯酚和二甲基苯酚的混合物。

最近,西安交通大学井新利教授研究组使用市售的酚醛树脂和甲苯二异氰酸酯,通过形成氨基甲酸酯键，在没有任何催化剂的情况下制备了具有动态交联网络的完全可回收酚醛树脂（TDNR）[4]。酚羟基与氨基甲酸酯键的桥接促进了酚醛树脂的交联，使得 TDNR 既具有热固性酚醛树脂的优点，又具有类似于动态共价键交联聚合物（vitrimers）的可逆交换拓扑结构。TDNR 的拉伸强度高达 55MPa，玻璃化转变温度高达 200℃，可在几分钟内快速地完成应力松弛，具有良好的再加工性和可回收性。可回收的 TDNR 不仅可用于制备含硬质填料的可修复模塑制品，而且还能显著提高长纤维增强复合材料的加工性能。

七、参考文献

[1] Suzuki Y, Tagaya H, Asou T, et al. Decomposition of prepolymers and molding materials of phenol resin in subcritical and supercritical water under an ar atmosphere. Industrial & Engineering Chemistry Research, 1999, 38(4): 1391-1395.

[2] 陈功. 回收热固性酚醛树脂研究. 武汉：湖北大学，2012.

[3] Ozaki J, K S, Djaja I, et al. Chemical recycling of phenol resin by supercritical methanol. Industrial & Engineering Chemistry Research, 2000, 39(2): 245-249.

[4] Liu X, Li Y, Xing X, et al. Fully recyclable and high performance phenolic resin based on dynamic urethane bonds and its application in self-repairable composites. Polymer, 2021, 229: 124022.

实验六 可降解智能水凝胶的制备及性能表征

一、实验目的

1. 掌握共聚合技术和响应性共价键在构筑可降解水凝胶材料上的方法及意义。

2. 根据高分子材料的特定需求，针对性地选择研究路线，设计科学有效的实验方案并熟悉相应的表征手段。

3. 了解水凝胶在生物医学领域的应用，培养从事产品研发、工艺设计等方面的能力，提高独立分析能力和创新能力。

二、实验原理

水凝胶是一种由亲水性高分子链通过化学或物理交联而形成的具有三维空间网状结构的材料，已被广泛应用于各个领域。其中，生物相容性的化学或物理交联水凝胶被认为是伤口敷料的最佳候选材料之一，因为它可以显著加速上皮化伤口愈合，并减少瘢痕的形成。此外，考虑到伤口部位不可避免的移动，伤口敷料具有良好的皮肤黏附性和机械弹性也至关重要。响应性水凝胶是一类能够对外界刺激产生敏感性响应，集自检测、自判断和自响应于一体的凝胶材料。在伤口发育和愈合过程中，乳酸的产生导致伤口微环境呈弱酸性，因此具有酸碱响应性的水凝胶在医用敷料方面具有潜在的应用价值。

本实验所制备的酸响应可生物降解水凝胶是利用聚乙烯亚胺（PEI）的氨基和六氯三聚磷腈（HCCP）的氯之间的交联反应所形成的，同时将姜黄素物理包裹进水凝胶中（图 2.9）。在室温下，水凝胶中不饱和 P—N 键对 pH 值比较敏感，在酸性条件下会水解生成铵离子和磷酸基团。利用 HCCP 对酸敏感的特性，当水凝胶作用于伤口时，伤口渗出液的弱酸性可破坏 HCCP 的结构，使其发生降解并释放姜黄素药物，从而具有良好的抑菌、抗氧化以及促进伤口愈合的效果。此外，由于 PEI 或 HCCP 与底物之间的氢键相互作用，该水凝胶对各种表面具有良好的黏附作用。添加的少量甘油/水混合物可以迅速渗透到水凝胶网络中，甘油的多羟基结构可与水凝胶形成氢键，从而迅速降低凝胶敷料和皮肤之间的黏结强度，实现水凝胶在伤口处的自动剥离。

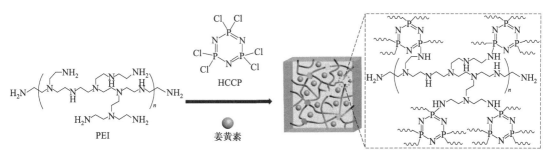

图 2.9 酸响应水凝胶的合成路线示意图

三、仪器与药品

1. 仪器

名称	规格	数量	用途
培养皿	35mm	2	反应容器
滴管	5mL	若干	称量液体药品
注射器	2.0mL	2	滴加药品
分析天平	1000g/1mg	1	称量固体药品

2. 药品

化学结构式/分子式	中英文名称与CAS号	物理与化学性质
（支化聚乙烯亚胺结构式）	支化聚乙烯亚胺 polyethylenimine, branched 25987-06-8	分子量:100kDa 溶解性:高分子聚合物,溶于水、乙醇等,无色或淡黄色黏稠状液体,有吸湿性
（六氯环三磷腈结构式）	六氯环三磷腈 phosphonitrilic chloride trimer 940-71-6	摩尔质量:347.66g/mol 溶解性:不溶于水,易与水反应 熔/沸点:112～115℃/256℃
（姜黄素结构式）	姜黄素 curcumin 458-37-7	摩尔质量:368.38g/mol 溶解性:不溶于水,溶于乙醇、冰醋酸和碱溶液,在碱性时呈红褐色,在中性、酸性时呈黄色 熔/沸点:183℃/(593.2±50.0)℃
（N,N-二甲基甲酰胺结构式）	N,N-二甲基甲酰胺 N,N-dimethylformamide 68-12-2	摩尔质量:73.09g/mol 溶解性:能与水及多数有机溶剂任意混合,对多种有机化合物和无机化合物均有良好的溶解能力 熔/沸点:-61℃/153℃
（丙三醇结构式）	丙三醇 glycerol 56-81-5	摩尔质量:92.09g/mol 溶解性:与水和醇类、胺类、酚类以任何比例混溶,不溶于苯、氯仿、四氯化碳、二硫化碳、石油醚、油类、长链脂肪醇 熔/沸点:20℃/290℃
（三乙胺结构式）	三乙胺 triethylamine 121-44-8	摩尔质量:101.19g/mol 溶解性:微溶于水,水溶液呈碱性,溶于乙醇、乙醚、丙酮等有机溶剂 熔/沸点:-115℃/(90.5±8.0)℃

四、实验步骤

1. 响应性多功能水凝胶敷料的制备

准确称量 0.4g PEI 于培养皿中,将其充分溶解在 1.0mL 去离子水中[图 2.10(a)];待 PEI 完全溶解后,在培养皿中加入 0.07g 丙三醇、0.17g 三乙胺和 0.2mL 姜黄素的 DMF 溶液(0.1g/mL)[图 2.10(b)];将 0.83g HCCP 溶解在 0.2mL 的 DMF 中,并用注射器缓慢滴加到 PEI 混合溶液中[图 2.10(c)];滴加后快速晃动培养皿,约 10s 后出现凝胶化现象［图 2.10(d)］。

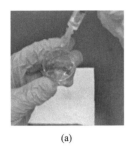
(a)
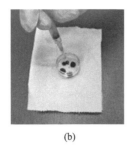
(b)
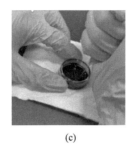
(c)

(d)

图 2.10 响应性多功能水凝胶敷料的制备

2. 水凝胶的溶胀性能测试

在 37℃下，将干燥后的水凝胶（200mg）浸泡在 pH 值为 7.4 的磷酸缓冲溶液（PBS）中，每隔一定时间（20min）用滤纸吸去吸附在凝胶表面的水，并通过称重法计算出水凝胶的吸水量；重复以上步骤，直至水凝胶的质量不再发生变化，即吸水膨胀已达饱和；观察溶胀前后水凝胶形貌与体积的变化（图 2.11）。

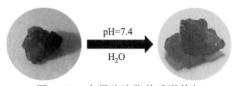

图 2.11 水凝胶溶胀前后形貌与体积变化示意图

3. 水凝胶酸响应降解行为及药物释放行为的研究

将 200mg 水凝胶浸入 pH 值分别为 5.5、6.5 和 7.4 的缓冲溶液中，在观察水凝胶形貌变化的同时，采用透析法测定姜黄素的释放率。以 pH 值为 5.5 的缓冲溶液中的样品为例：

在 37℃下，将水凝胶和 10mL pH 值为 5.5 的缓冲溶液一起装进透析袋［截留分子量（MWCO）为 3.5kDa］中，将该透析袋浸泡于提前准备好的含有 Tween 20（1.0%）水溶液的烧杯中并温和搅拌；每隔 0.5h，取出 10mL 的水溶液（并用等体积的缓冲溶液补充至烧杯中），将取出液冷冻干燥后再溶解于 DMF 中，利用紫外-可见分光光度计与标准曲线来测定姜黄素的渗出浓度；跟踪一段时间后，绘制姜黄素释放率与时间的关系曲线。

4. 水凝胶的黏附性能测试（图 2.12）

提前准备好塑料离心管、玻璃瓶、金属、皮肤、树叶、标签纸、砝码（50g）、装水的烧杯等待用物品；取若干 10mm×30mm×2mm 大小的水凝胶，将其附着在塑料离心管、玻璃瓶、金属、皮肤、树叶、标签纸等物品的表面，并用刮勺轻轻刮拭，观察水凝胶在不同表面的黏附性能；另取一块 10mm×40mm×2mm 大小的水凝胶，将其黏附在砝码（50g）底部，并尝试将该砝码浸没于水中，提起另一块砝码（50g），观察该水凝胶在水中的黏附性能。

5. 水凝胶在皮肤表面的自剥离性能测试

取一块 10mm×10mm×2mm 大小的水凝胶，在手指完全伸直时，将其黏附在指关节上；将手指弯曲成不同的角度（60°、90°和 120°），在达到最大弯曲状态后，将手指慢慢恢复到原来的伸直状态，观察水凝胶在整个过程中的黏附情况（图 2.13）。

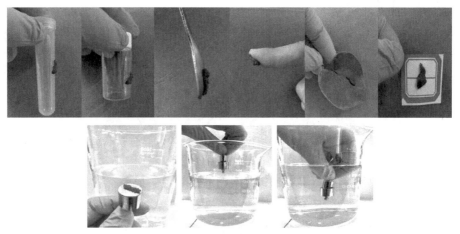

图 2.12　水凝胶在不同材料表面的黏附性能示意图

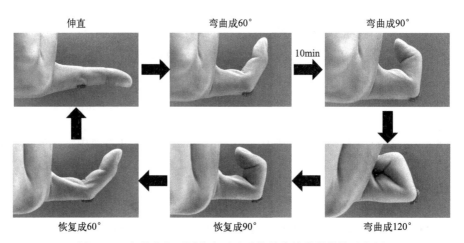

图 2.13　水凝胶在不同曲率下对手指关节的黏附性能示意图

在附着于指关节处的水凝胶上，滴入少量甘油和水的混合溶液（体积比为 1∶1），观察水凝胶从指关节处脱落的时间（图 2.14）。

五、思考题

1. 本实验中实验温度和 pH 值的选择依据是什么？

2. 检索资料，思考并回答为什么高分子量的 PEI 具有一定的生物毒性。本实验中选用了 PEI 却未发现生物毒性，在实验设计上有何巧妙之处？

3. 除了本实验所用的不饱和 P—N 键外，还可以使用何种对 pH 敏感的共价键构建酸响应性水凝胶？

六、知识拓展

当高分子水凝胶所处环境的物理或化学条件发生变化时，高分子水凝胶的体积或形状也会产生相应的改变。根据受到刺激信号的不同，高分子水凝胶可分为不同类型的刺激响应性水凝胶[1-3]。例如，受化学信号刺激的 pH 响应性水凝胶、氧化或还原性化合物响应性水凝胶；受到物理信号刺激的温敏性水凝胶、光敏性水凝胶、电活性水凝胶、磁响应性水凝胶、压敏性水凝胶等。这些水凝胶通过改变高分子链的溶剂化状态、电离度和分子链

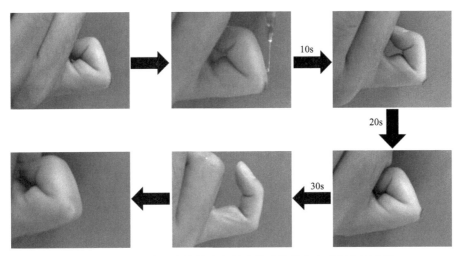

图 2.14 甘油/水混合物辅助水凝胶从手指关节自动剥离示意图

密度，实现对凝胶溶胀状态的控制[4,5]。

在正常和病理条件下，pH 值在不同部位存在显著变化（伤口处为 5.4～7.4，肿瘤细胞为 6.5～7.2，血液为 7.34～7.45，上小肠为 4.8～8.2），使得 pH 值响应性水凝胶成为最杰出的智能水凝胶之一。几种 pH 响应性聚合物，包括 DNA、壳聚糖和聚甲基丙烯酸，已被广泛用于局部控制药物释放系统。当疾病发生伴随 pH 值变化时，水凝胶可以触发药物的释放，亦可发生凝胶-溶胶转化，这有利于药物在凝胶状态下的包封、释放以及水凝胶降解后骨架的有效清除[6,7]。本实验通过 PEI 与 HCCP 之间的交联反应构建了具有药物缓释效果的 pH 响应性水凝胶，除了可应用于水凝胶伤口敷料的开发外，在药物载体、生物技术、传感器等方面也具有潜在的应用[8,9]。

七、参考文献

[1] Zha J C, Mao X X, Hu S K, et al. Acid- and thiol-cleavable multifunctional codelivery hydrogel: Fabrication and investigation of antimicrobial and anticancer properties. Acs Applied Bio Materials, 2021, 4 (2): 1515-1523.

[2] Kharaziha M, Baidya A, Annabi N. Rational design of immunomodulatory hydrogels for chronic wound healing. Advanced Materials, 2021, 33 (39): 2100176.

[3] Lima T P L, Passos M F. Skin wounds, the healing process, and hydrogel-based wound aressings: A short review. Journal of Biomaterials Science, Polymer Edition, 2021, 32 (14): 1910-1925.

[4] Wang J, Feng L, Yu Q L, et al. Polysaccharide-based supramolecular hydrogel for efficiently treating bacterial infection and enhancing wound healing. Biomacromolecules, 2021, 22 (2): 534-539.

[5] Hu M H, Korschelt K, Daniel P, et al. Fibrous nanozyme dressings with catalase-Like activity for H_2O_2 reduction to promote wound healing. ACS Applied Materials & Interfaces, 2017, 9 (43): 38024-38031.

[6] Wu K K, Wu X X, Chen M, et al. H_2O_2-responsive smart dressing for visible H_2O_2 monitoring and accelerating wound healing. Chemical Engineering Journal, 2020, 387: 124127.

[7] Hu J J, Hu Q Y, He X, et al. Stimuli-responsive hydrogels with antibacterial activity assembled from guanosine, aminoglycoside, and a bifunctional anchor. Advanced Healthcare Materials, 2020, 9 (2): 1901329.

[8] 焦剑, 姚军燕. 功能高分子材料. 2 版. 北京: 化学工业出版社, 2016.

[9] Mo C, Luo R, Chen Y. Advances in the stimuli-responsive injectable hydrogel for controlled release of drugs. Macromol Rapid Commun, 2022, 43 (10): e2200007.

第三章

自由基聚合

在高分子合成工业中，自由基聚合是目前应用最为广泛的聚合反应之一，超过半数的聚合物都是通过自由基聚合获得的。自由基聚合主要适用于烯类单体，如乙烯、氯乙烯、甲基丙烯酸甲酯（有机玻璃）、醋酸乙烯酯等，其机理为加成聚合，所得聚合物可为线形、支化或交联等结构。通常情况下，自由基聚合以含有不饱和双键的烯类单体为原料，以自由基型引发剂（可在热、光、辐射等触发下分解产生自由基活性种）引发，产生的活性种进攻并打开单体分子中的双键，在单体间进行多次重复的加成反应，使单体连接起来形成大分子。依据聚合体系的初始状态，自由基聚合可分为本体聚合、溶液聚合、悬浮聚合、乳液聚合等多种聚合方法。

实验一　本体聚合制备有机玻璃

一、实验目的
1. 了解本体聚合的基本原理、配方、特点和操作。
2. 熟悉有机玻璃的制备方法，掌握其分段聚合法的工艺流程。
3. 建立用现代分析测试技术表征样品物理性质的意识，掌握所用仪器的使用原理和方法并对实验结果进行分析，给出合理的解释。
4. 了解有机玻璃在工业上的制备工艺，借助文献研究，能够融会贯通地对其他高分子材料的工艺流程设计及改进提供解决方案。

二、实验原理
本体聚合是指烯类单体在少量引发剂存在下，或直接在光、热或辐照引发下进行的加成聚合反应。本体聚合具有无需其他介质，后处理简单，所得产物具有纯度高、易塑形等优点。实验室中可以选择玻璃试管、烧瓶等特定的器皿作为聚合模具反应容器。但聚合反应中后期体系黏度大，聚合热难以散去，导致反应难以控制，制品出现气泡，从而影响产品的质量。因此，聚合前必须充分混合单体与引发剂，并建议在低温条件下长时间聚合。

有机玻璃，即聚甲基丙烯酸甲酯（PMMA），通常借助本体聚合方法制得，产品具有高度的透明性、光滑的表面、较低的相对密度等特点，与同体积无机玻璃制品相比，显得尤为轻巧和精致。同时，其良好的耐冲击性、耐低温性和绝缘性，使其成为工业生产尤其是光学仪器制造行业的重要原材料之一。

甲基丙烯酸甲酯（MMA，密度为 $0.94g/cm^3$）单体在引发剂（initiator）引发及合适的温度下，能够按照自由基聚合机理进行反应。引发剂通常为偶氮二异丁腈（AIBN）或过氧化二苯甲酰（BPO）。MMA 单体在聚合过程中会有明显的黏度增加、体积收缩等现象。为有效避免该现象导致的聚合散热问题，常常采用分段聚合法。

阶段一（预聚合）：在引发剂分解及诱导期过后，MMA 本体聚合初期的反应速率较为平稳，与转化率基本呈线性关系；当转化率达到 20% 左右时，聚合速率明显加快，聚合体系的黏度也迅速增加（自动加速现象），此时，应立刻停止预聚合反应。

阶段二（后聚合）：将黏稠的预聚合液体转移到事先处理好的容器中，并置于较低温度下继续反应，当转化率达到 90% 以上时，聚合物已基本成型，此时再次升温进一步提高单体转化率。

自由基聚合机理如下：

链引发：

链增长：

$$\text{C}_6\text{H}_5\text{-C(=O)-O-CH}_2\text{-C(CH}_3\text{)(COOCH}_3\text{)}\cdot + \text{H}_2\text{C=C(CH}_3\text{)(COOCH}_3\text{)} \longrightarrow \text{C}_6\text{H}_5\text{-C(=O)-O-CH}_2\text{-C(CH}_3\text{)(COOCH}_3\text{)-CH}_2\text{-C(CH}_3\text{)(COOCH}_3\text{)}\cdot \longrightarrow$$

$$\sim\sim\text{CH}_2\text{-C(CH}_3\text{)(COOCH}_3\text{)}$$

链终止：

$$2\sim\sim\text{CH}_2\text{-C(CH}_3\text{)(COOCH}_3\text{)}\cdot \longrightarrow \sim\sim\text{CH}_2\text{-C(CH}_3\text{)(COOCH}_3\text{)-C(CH}_3\text{)(COOCH}_3\text{)-CH}_2\sim\sim$$

$$2\sim\sim\text{CH}_2\text{-C(CH}_3\text{)(COOCH}_3\text{)}\cdot \longrightarrow \sim\sim\text{CH}_2\text{-CH(CH}_3\text{)(COOCH}_3\text{)} + \text{C(CH}_3\text{)(COOCH}_3\text{)=CH}\sim\sim$$

三、仪器与药品

1. 仪器

名称	规格	数量	用途
两口烧瓶	100mL	1	预聚合反应容器
恒温水浴	—	1	提供预聚合反应温度
磁力搅拌器	—	1	充分混合反应物
氮气装置	—	1	排除阻聚剂氧气
注射器针头	—	1	排除阻聚剂氧气
试管	—	1	后聚合反应容器
分析天平	1000g/1mg	1	称量药品
烘箱	—	1	提供后聚合反应温度
差示扫描量热仪（DSC）	—	1	测定产品玻璃化转变温度

2. 药品

化学结构式/分子式	中英文名称与CAS号	物理与化学性质
（甲基丙烯酸甲酯结构式）	甲基丙烯酸甲酯 methyl methacrylate 80-62-6	摩尔质量：100.116g/mol 溶解性：溶于乙醇等有机溶剂，微溶于水 熔/沸点：−48℃/100.3℃
（过氧化二苯甲酰结构式）	过氧化二苯甲酰 dibenzoyl peroxide 94-36-0	摩尔质量：242.23g/mol 溶解性：溶于苯、氯仿、乙醚，微溶于乙醇及水 熔/沸点：105℃/349.7℃

四、实验步骤

1. 预聚合反应阶段

准确称取20mg过氧化二苯甲酰和30g甲基丙烯酸甲酯单体于100mL两口烧瓶中。加入磁力搅拌子（磁子），用带有注射器针头的橡胶塞塞住瓶口，连接氮气装置，通过磁力搅拌器使单体和引发剂混合均匀，并通入氮气15min，以充分置换作为自由基聚合阻聚剂的氧气。将恒温水浴温度升至75℃，待温度稳定后，取出磁子并将两口烧瓶置于水浴中开始反应[图3.1(a)]。

仔细观察聚合时体系黏度的变化，并记录实验现象。若体系黏度增至甘油黏度的两倍时，立刻停止加热并冷却至50℃左右[图3.1(b)]，可根据需要补加少量（约5mg）引发剂。

2. 后聚合反应阶段

洗净试管并置于烘箱中充分干燥，取出后放入变色硅胶干燥器中冷却，以防止吸水。将预聚物转移至干燥的试管中，仔细排出气泡并封口，放入烘箱内，在40℃下继续聚合20h[图3.1(c)]。待体系逐渐固化、失去流动性后，升温至100℃并保温1h，进一步提高单体转化率。随后，打开烘箱、关闭烘箱电源，自然冷却至室温。小心敲碎试管，取出产品[图3.1(d)]。

3. 玻璃化转变温度的测定

在指导教师协助下，取出部分样品用差示扫描量热仪测定其玻璃化转变温度，记录并与其他小组的数据进行对比，总结规律。

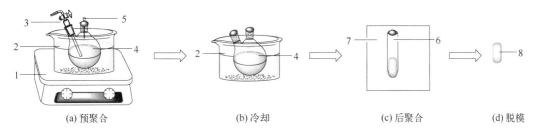

(a) 预聚合　　　　(b) 冷却　　　　(c) 后聚合　　　　(d) 脱模

图3.1　本体聚合法制备有机玻璃实验装置图

1—磁力搅拌器；2—恒温水浴；3—氮气导管；4—两口烧瓶；5—注射器针头；6—试管；7—烘箱；8—有机玻璃

注意事项：

1. 单体预聚合阶段必须注意体系黏度（单体转化率）变化，反应时间不可过长，反应物黏稠即可停止反应，否则预聚物黏度过大。

2. 预聚合时，两口烧瓶要全部浸入水浴中，以使瓶内温度均匀。

3. 预聚合时，要避免两口烧瓶摇晃，以免产生气泡。

五、思考题

1. 自由基聚合中，自动加速效应是如何产生的？可能对聚合反应有哪些影响？

2. 简述本体聚合的特点以及优劣势。

3. 制备有机玻璃时，分段聚合的目的是什么？各阶段的温度应如何控制？简述其原因。

六、知识拓展

甲基丙烯酸甲酯通过本体聚合方法可以制得有机玻璃。由于分子链中有庞大侧链存在，有机玻璃通常为无定形固体，其最突出的性能是具有高度的透明性。此外，它的相对密度小，制品比同体积无机玻璃轻巧得多，且具有一定的耐冲击性与良好的低温性能，因此广泛应用于航空工业与光学仪器制造工业等领域，例如用于航空透明材料（如飞机风挡和座舱罩等）、建筑透明材料（如天窗和天棚等）、仪表防护罩、车辆风挡、光学透镜、医用导光管、化工耐腐蚀透镜、设备标牌、仪表盘和罩盒、汽车尾灯灯罩、电气绝缘部件及文具和生活用品等。除了本体聚合法之外，还可以通过悬浮聚合法制得聚甲基丙烯酸甲酯（有机玻璃），该方法制得产物的分子量一般比本体聚合方法得到的低，可以通过注射、模压和挤出成型，主要用于交通信号灯罩、工业透镜、仪表控制板、设备罩壳和假牙、牙托、假肢及其他模制品。此外，甲基丙烯酸甲酯还可与其他烯类单体或丙烯酸酯类单体产生共聚，以溶液或乳液聚合方式生产，得到的产品主要用于涂料、胶黏剂等精细化工行业[1,2]。

与上述实验室通过本体聚合制备有机玻璃不同，工业上甲基丙烯酸甲酯的本体聚合过程中，原料所用量较大，导致易爆聚和体积收缩率大等问题更为明显[3,4]。因此，常采用三段聚合工艺：90℃预聚合、40~70℃聚合、120℃后聚合。典型配方：单体100份、偶氮二异丁腈0.025份、邻苯二甲酸二丁酯5份、硬脂酸0.2份、甲基丙烯酸0.1份。

工业上通过悬浮聚合法制备聚甲基丙烯酸甲酯采用逐步升温法，从常温逐步升至90℃，典型配方：单体70份、软水420份、聚甲基丙烯酸钠18份、过氧化苯甲酰0.54份、聚乙烯醇0.025份。

七、参考文献

[1] 李晓佳，孙雁男. 丙烯酸的应用及生产技术探讨. 石化技术，2022，29（8）：258-260.
[2] 陈继新，吕洁，赵金德，等. 聚甲基丙烯酸甲酯（PMMA）生产工艺与设备研究概述. 化工科技，2012，20（2）：81-84.
[3] 刘勇，王俏. 甲基丙烯酸甲酯悬浮聚合工艺条件的研究. 化学与黏合，2010，32（5）：78-80.
[4] 王建勋. 聚甲基丙烯酸甲酯纳米复合材料的制备及性能研究. 天津：天津大学，2006.

实验二　悬浮聚合制备聚苯乙烯

一、实验目的
1. 了解悬浮聚合的基本原理、配方、特点和操作。
2. 熟悉聚苯乙烯的制备方法，了解其工艺过程。
3. 通过探究分散剂、升温速度、搅拌速度对聚苯乙烯产物的影响，建立起高分子材料合成的全局意识和系统设计思维，在设计中体现创新意识，培养对高分子复杂工程工艺问题设计可行的解决方案的能力。

二、实验原理

悬浮聚合为烯类单体在分散剂和搅拌作用下，以小液滴形式悬浮在分散介质中进行的聚合反应。由于大多数烯类单体只微溶或不溶于水，悬浮聚合通常以去离子水作为分散介质。

在悬浮聚合中，每个单体液滴（非连续相）都是独立的、微型的聚合反应器，由单体与引发剂组成，而液滴周围被分散剂包裹。分散介质（连续相）是悬浮聚合反应热的传导媒介。悬浮聚合的反应机理与本体聚合类似，但由于大量分散介质的存在，整个聚合体系的温度更容易控制。

悬浮聚合分散剂的作用机理：分散剂吸附在单体液滴表面形成一层物理屏障，防止液滴在碰撞时发生聚集。分散剂通常有两类：①水溶性高分子，如聚乙烯醇等，其分子量越大，所得的聚合产物颗粒尺寸越小，分子量均一的高分子分散剂有利于使聚合产物颗粒尺寸分布变窄，水溶性高分子的加入还有利于降低界面张力，使液滴尺寸变小；②无机粉末类，如碳酸钙、碳酸镁等碳酸盐、硫酸盐或磷酸盐，该类分散剂用量越大，所得聚合产物颗粒尺寸越小，当分散剂用量一定时，颗粒越细、越均一，聚合产物颗粒尺寸分布越窄。根据需要，亦可将两类分散剂混合使用。

悬浮聚合一般分为三个阶段：聚合反应的初期、中期和后期。其中，在聚合反应中期，聚合物粒子易黏结成块而发生爆聚。因此，聚合中期的温度不宜过高。同时，搅拌速度也是影响最终聚合产物颗粒尺寸和分布的关键因素之一。如果搅拌速度过快，单体液滴在强剪切应力作用下会分散为细小颗粒；如果搅拌速度过慢，则颗粒尺寸较大且形状可能不均一。因此，聚合反应中期的搅拌速度要控制适当，不宜过快或过慢。

本实验以苯乙烯为单体、聚乙烯醇为分散剂，通过悬浮聚合制备聚苯乙烯颗粒。苯乙烯（styrene，St）是工业上合成树脂与合成橡胶的主要原料之一，其单体化学分子式为C_8H_8，摩尔质量为104.15g/mol。St单体不溶于水，可溶于乙醇、四氢呋喃等有机溶剂。由于St比较活泼，在空气中易氧化和自聚，因此在储存过程中需要加入少量的阻聚剂。聚苯乙烯（PS）颗粒为无色透明、具有一定刚性的聚合物颗粒，其透光率仅次于有机玻璃，染色性与耐水性较好，同时具有较优异的电性能。苯乙烯的自由基聚合机理如下：

链引发：

$$\text{(BPO)} \longrightarrow 2\ \text{PhC(O)O·}$$

$$\text{PhC(O)O·} + \text{H}_2\text{C=CH(Ph)} \longrightarrow \text{PhC(O)O-CH}_2\text{-CH(Ph)·}$$

链增长：

$$\text{PhC(O)O-CH}_2\text{-CH(Ph)·} + \text{H}_2\text{C=CH(Ph)} \longrightarrow \text{PhC(O)O-CH}_2\text{-CH(Ph)-CH}_2\text{-CH(Ph)·} \longrightarrow \sim\sim\text{CH}_2\text{-CH(Ph)·}$$

链终止：

$$2\ \sim\sim\text{CH}_2\text{-CH(Ph)·} \longrightarrow \sim\sim\text{CH}_2\text{-CH(Ph)-CH(Ph)-CH}_2\sim\sim$$

三、仪器与药品

1. 仪器

名称	规格	数量	用途
三口烧瓶	250mL	1	反应容器
恒温水浴	—	1	提供聚合反应温度
机械搅拌装置	—	1	充分混合反应物
球形冷凝管	—	1	回流
温度计	150℃	1	监测反应物温度
分析天平	1000g/1mg	1	称量药品
抽滤装置	—	1	分离出产物
烧杯	100mL	1	混合单体和引发剂
烧杯	250mL	1	洗涤产物
差示扫描量热仪(DSC)	—	1	测定产品玻璃化转变温度

2. 药品

化学结构式/分子式	中英文名称与CAS号	物理与化学性质
苯乙烯结构	苯乙烯 styrene 100-42-5	摩尔质量：104.15g/mol 溶解性：不溶于水，溶于乙醇、乙醚等多数有机溶剂 熔/沸点：−30.6℃/(145.2±7.0)℃
过氧化二苯甲酰结构	过氧化二苯甲酰 dibenzoyl peroxide 94-36-0	摩尔质量：242.23g/mol 溶解性：溶于苯、氯仿、乙醚，微溶于乙醇及水 熔/沸点：105℃/349.7℃
聚乙烯醇结构	聚乙烯醇 polyvinyl alcohol 9002-89-5	摩尔质量：13000g/mol 溶解性：溶于水 熔点：230～240℃

四、实验步骤

在烧杯中加入精制苯乙烯单体30g和过氧化二苯甲酰300mg，充分搅拌至完全溶解，低温保存待用。

在三口烧瓶上安装搅拌器、回流冷凝管、温度计（如图3.2），向瓶中加入100mL去离子水和10mL聚乙烯醇水溶液（5%）。开启搅拌器，以250r/min左右的速度搅拌均匀。随后，加入预先混合好的单体和引发剂，继续搅拌15min。待混合物均匀后，开始通氮气并升温，保持瓶内温度在85℃左右。

持续搅拌，约3h后能听到体系有"吵吵"声，证明聚苯乙烯粒子已硬化。此时，立即升温至95℃左右，并保持1h后停止搅拌。观察液面上是否有漂浮物，若没有，则停止反应。

降低反应体系温度，将聚苯乙烯粒子倒入烧杯中，除去上层液体；用热水洗涤产物数次，直至热水不再浑浊，然后用去离子水洗涤产物1次。过滤后将粒子置于另一干净烧杯中，用锡箔纸封口，放入烘箱中烘干，称量并计算产率。

在指导教师协助下，取出部分样品用差示扫描量热仪测定其玻璃化转变温度，记录并与其他小组的数据进行对比，总结规律。

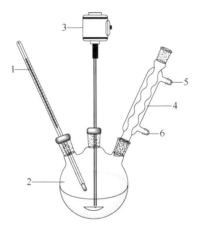

图3.2 悬浮聚合法制备聚苯乙烯实验装置图

1—温度计；2—三口烧瓶；3—机械搅拌器；4—球形冷凝管；5—出水口；6—进水口

注意事项：

1. 单体和引发剂混合过程中，温度不能过高。
2. 聚合反应超过1h后，由于颗粒表面黏度较大，极易发生黏结，此时必须十分仔细地调节搅拌速度，不可使搅拌停止，否则颗粒将黏结成块。
3. 烘干样品时，注意烘箱温度不要超过60℃。

五、思考题

1. 为什么在混合单体和引发剂时温度不能过高？如何计算产率？
2. 悬浮聚合实验条件和参数的控制关键是什么？如何提高产率？如何获得粒子大小均匀、透明度好的产物？
3. 结合实验操作谈谈与本产品质量相关的影响因素。

六、知识拓展

自1930年工业化以来，聚苯乙烯已有90多年的历史。由于其出色的介电性能，在电气工业中得到广泛的应用，尤其是其卓越的高频绝缘性能，使其成为优秀的高频材料。其良好的透明性、机械强度及耐热性使其在许多工业部门和日用品中也得到广泛应用，已成为仅次于聚乙烯和聚氯乙烯的世界第三大塑料品种[1]。

聚苯乙烯类树脂按结构可划分为 20 多种，主要包括通用级聚苯乙烯（GPPS）、发泡级聚苯乙烯（EPS）和高抗冲聚苯乙烯（HIPS）等。通用级聚苯乙烯主要采用自由基连续本体聚合或加有少量溶剂的溶液聚合法生产，分子量在 100000～400000，分子量分布为 2～4，具有刚性大、透明性好、电绝缘性优良、吸湿性低、表面光洁度高、易成型等特点[2]。发泡级聚苯乙烯通常采用自由基悬浮聚合法合成，其热导率低、吸水性小、抗震性好、抗老化，且具有较高的抗压强度和良好的机械强度，加工方便，成本较低。发泡级聚苯乙烯的塑料制品可用于建筑业的顶层和隔层、冷藏业的隔热材料及包装业的防震隔离材料。高抗冲聚苯乙烯由苯乙烯与顺丁橡胶或丁苯橡胶通过本体-悬浮法自由基接枝共聚而制成，其拓宽了通用级聚苯乙烯的应用范围，广泛用于包装材料，在仪表、汽车零件以及医疗设备方面市场占有率大，尤其在家用电器方面有取代 ABS 树脂的趋势。此外，苯乙烯还可用于制备离子交换树脂（苯乙烯-二乙烯基苯共聚物）、丙烯酸丁酯-丙烯腈-苯乙烯共聚物（AAS 树脂）和苯乙烯-甲基丙烯酸甲酯共聚物（MS 树脂）[3,4]。

七、参考文献

[1] Ugelstad J, Mfutakamba H R, Mørk P C, et al. Preparation and application of monodisperse polymer particles. Journal of Polymer Science: Polymer Symposia, 1985, 72 (1): 225-240.
[2] 徐昊垠，董春明. 悬浮聚合制备微米级聚苯乙烯微球. 化工生产与技术, 2010, 17 (3): 24-26.
[3] 唐晓红，王瑾，郑会勤，等. 苯乙烯悬浮聚合的实验探索. 化学与生物工程, 2012, 29 (2): 44-46.
[4] 王腾. 聚苯乙烯的制备及其性能研究. 西安：西安石油大学, 2017.

实验三　乳液聚合制备聚醋酸乙烯酯胶黏剂

一、实验目的

1. 了解乳液聚合的特点、组分及各组分的作用。
2. 了解实验室制备聚醋酸乙烯酯胶黏剂的方法。
3. 通过小组成员间的合作和讨论，建立较强的团队合作精神和社会责任感，培养优秀的组织能力。

二、实验原理

乳液聚合（水包油型）是指油溶性单体在乳化剂和搅拌作用下，在水相中形成稳定的分散液，再在引发剂作用下进行的聚合反应。乳液聚合具有速度快、温度易控制、后期黏度低、产物分子量高、产物可直接以乳液形式使用等多项优势。

乳液聚合体系主要成分包括去离子水（连续相）、油溶性单体（非连续相）、乳化剂以及水溶性引发剂，根据需要可适当添加其他助剂。乳化剂主要有离子型、非离子型和两性离子型等，如十二烷基硫酸钠、十六烷基三甲基溴化铵、吐温系列等。常用的水溶性引发剂包括过硫酸钾、过硫酸铵等。水溶性引发剂的使用是乳液聚合区别于本体聚合、悬浮聚合、溶液聚合的主要特征之一。

醋酸乙烯酯，又名乙酸乙烯酯，是一类水溶性较大的乙烯基单体。室温下，醋酸乙烯酯密度为 $0.93 g/cm^3$，在水中溶解度约为 2.5%。乳液聚合醋酸乙烯酯的成核机理有胶束成核与均相成核。均相成核即水溶性引发剂分解产生自由基，引发水相中醋酸乙烯酯单体发生聚合，生成的短链聚醋酸乙烯酯自由基在水相中发生沉淀，沉淀颗粒从水中和单体液滴表面吸附乳化剂分子而得以稳定，随后醋酸乙烯酯单体进一步扩散进颗粒中继续发生聚合，形成乳胶粒。醋酸乙烯酯的乳液聚合主要是均相成核，常使用过硫酸盐为引发剂。为确保聚合反应稳定进行，单体和引发剂建议采用分批加入的方式。乳液聚合法制备聚醋酸乙烯酯的机理如下所示：

链引发：

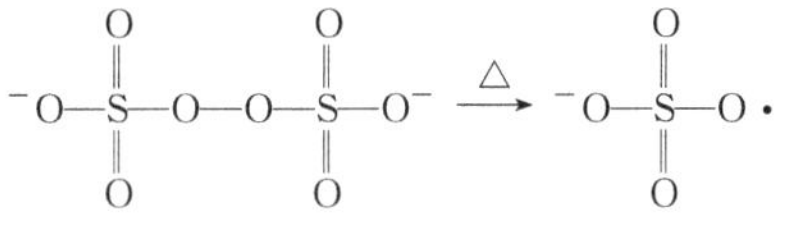

链增长：

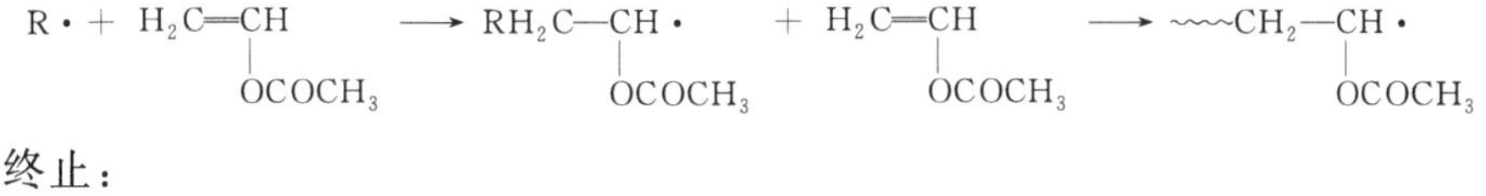

链终止：

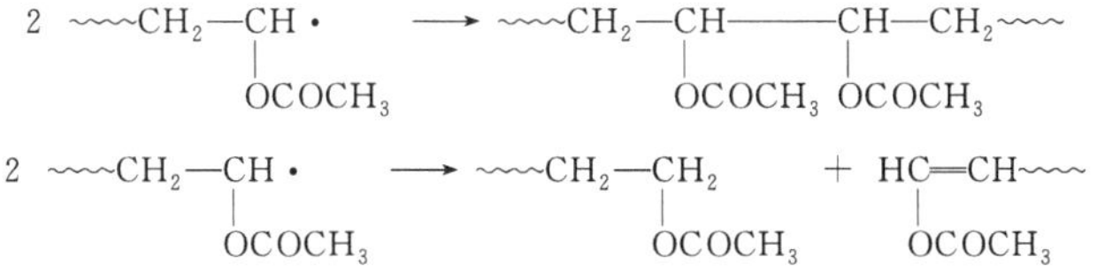

三、仪器与药品

1. 仪器

名称	规格	数量	用途
四口烧瓶	250mL	1	反应容器
恒温水浴	—	1	提供聚合反应温度
机械搅拌装置	—	1	充分混合反应物
球形冷凝管	—	1	回流
氮气导管	—	1	排除阻聚剂氧气
温度计	150℃	1	检测反应物温度
分析天平	1000g/1mg	1	称量药品
滴液漏斗	—	1	滴加单体
注射器	10mL	1	吸取引发剂溶液
差示扫描量热仪(DSC)	—	1	测定产品玻璃化转变温度

2. 药品

化学结构式/分子式	中英文名称与CAS号	物理与化学性质
（醋酸乙烯酯结构式）	醋酸乙烯酯 vinyl acetate 108-05-4	摩尔质量：86.089g/mol 溶解性：微溶于水,溶于乙醇、乙醚、丙酮、苯、氯仿等有机溶剂 熔/沸点：-93℃/72.5℃
$H_4NO-S(O)_2-O-O-S(O)_2-ONH_4$	过硫酸铵 ammonium persulphate 7727-54-0	摩尔质量：228.201g/mol 溶解性：易溶于水,水溶液呈酸性 熔点：120℃（分解）
$CH_3(CH_2)_{11}-S(O)_2-ONa$	十二烷基硫酸钠 sodium dodecyl sulfate 151-21-3	摩尔质量：288.379g/mol 溶解性：易溶于热水、水、热乙醇,微溶于醇,不溶于氯仿和醚 熔点：206~207℃
（聚乙烯醇结构式）	聚乙烯醇 polyvinyl alcohol 9002-89-5	摩尔质量：13000g/mol 溶解性：溶于水 熔点：230~240℃
$NaHCO_3$	碳酸氢钠 sodium bicarbonate 144-55-8	摩尔质量：84.01g/mol 溶解性：溶于水,微溶于乙醇 熔/沸点：270℃/851℃

四、实验步骤

1. 在四口烧瓶上安装搅拌器、回流冷凝管（配氮气导管）、温度计和滴液漏斗（图3.3），准确称取聚乙烯醇溶液（10%）50g、十二烷基硫酸钠0.5g、去离子水90mL，搅拌均匀后，升温至70℃，并持续通氮气置换氧气20min。

2. 向反应瓶中加入15g醋酸乙烯酯单体，搅拌均匀，将1.0g过硫酸铵溶解于10mL去离子水中，用注射器吸取2mL过硫酸铵溶液加入反应瓶中，反应20min。若聚合反应后期体系黏度增大，应适当提高搅拌速率。

3. 分别用滴液漏斗和滴管将45g醋酸乙烯酯单体和6mL过硫酸铵溶液在1h内逐滴

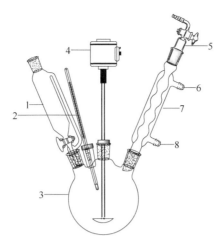

图 3.3 乳液聚合法制备聚醋酸乙烯酯实验装置图

1—滴液漏斗；2—温度计；3—四口烧瓶；4—机械搅拌器；5—氮气导管；6—出水口；7—球形冷凝管；8—进水口

加入反应瓶中，继续反应 10min 后，加入剩余 2mL 过硫酸铵溶液。

4. 继续加热回流约 15min；随后，将反应液冷却至 50℃ 左右，滴加饱和碳酸氢钠溶液调节体系 pH 值为 4~6。

5. 反应结束后，观察乳液外观，做好实验记录后出料。称取约 5g 样品置于培养皿中，在 105℃ 下充分干燥，计算单体的转化率。

$$单体转化率 = \frac{M_d - SM_b/M_a}{HM_b/M_a} \times 100\%$$

式中，M_d 为取样干燥后的样品质量；S 为加入的乳化剂与引发剂总质量；M_a 为四口烧瓶内乳液体系总质量；M_b 为取出样品质量；H 为实验中醋酸乙烯酯单体的加入总质量。

6. 在指导教师协助下，取出部分样品用差示扫描量热仪测定其玻璃化转变温度，记录并与其他小组的数据进行对比，总结规律。

注意事项：

1. 整个实验过程，机械搅拌不能停止，否则聚醋酸乙烯酯会凝结成块团析出。
2. 为了保证引发效率，过硫酸铵溶液最好现配现用。
3. 随时观察聚合温度，若温度偏高时出现明显的沸腾现象，可能发生冲料；应备好冷却水，反应体系出现沸腾时适当进行降温处理。
4. 聚合反应后期体系黏度会增大，此时应适当提高搅拌的转速。

五、思考题

1. 本实验中，将聚乙烯醇和十二烷基硫酸钠两种乳化剂混合使用的好处是什么？
2. 试分析本实验分步加料进行反应的好处。
3. 查阅资料，试阐明在乳液聚合中，如何实现胶乳在高固含量下仍具有较低的黏度。

六、知识拓展

聚醋酸乙烯酯乳液，俗称乳白胶或白胶，是主要的胶黏剂之一，木材、纸张、织物均可使用[1,2]。其于 1930 年在德国实现工业化生产。我国于 20 世纪 50 年代末开始着手聚醋酸乙烯酯乳液的研制工作，20世纪70年代聚醋酸乙烯酯乳液有了飞速的发展。聚醋酸乙烯酯乳液是无公害、低成本和高性能的水性胶黏剂，具有黏接强度高、固化速度快、生产工艺简单、使用方便等优点。此外，聚醋酸乙烯酯胶乳还具有水基漆的优点，即黏度较小而分子量较大，无需易燃的有机溶剂。为提高胶黏剂的黏接强度和耐水性能等，还可采用比较简单的共混方法，如与酚醛树脂或脲醛树脂共混。

聚醋酸乙烯酯的玻璃化转变温度约为28℃，低温下发脆。因此，常采用外加增塑剂的方法改善其使用性能，也可采用与柔性单体共聚的方法来增加其韧性，如与丙烯酸酯或甲基丙烯酸酯类单体共聚。

工业上醋酸乙烯酯的聚合可采用溶液、乳液、本体等不同的聚合方法。采用的方法取决于产物的用途，如果用作涂料或胶黏剂，多采用乳液聚合方法；如果要将聚醋酸乙烯酯进一步醇解制备聚乙烯醇，则采用溶液聚合方法，这就是维纶合成纤维工业所采用的方法[3,4]。

七、参考文献

[1] Moustafa A B, Diab M A. Reactions catalyzed by soda lime glass. Ⅱ. polymerization of methyl methacrylate. Journal of Applied Polymer Science, 1997, 19 (6): 711-715.

[2] 高洪霞. 改性聚醋酸乙烯酯乳液的合成及应用. 南宁：广西大学, 2006.

[3] 黄光佛, 李盛彪, 鲁琴, 等. 聚醋酸乙烯乳液的研究进展. 中国胶粘剂, 2001, 10 (1): 44-46.

[4] 路国菁, 石桂林, 宋宁保, 等. 聚醋酸乙烯乳液胶粘剂的改性. 粘接, 1997 (1): 16-18.

实验四　自由基聚合反应动力学研究

一、实验目的
1. 巩固和理解自由基聚合反应的机理及微观动力学方程。
2. 验证聚合反应速率与单体浓度、引发剂浓度间的关系。
3. 能针对高分子材料合成及其他领域的基础问题，运用数学和高分子材料与工程专业知识建立数学模型并求解；进一步培养运用数学模型方法推演、分析高分子材料合成、改性与加工应用的复杂工程问题的能力。

二、实验原理
聚合速率（rate of polymerization）是指在聚合反应过程中，单体在单位时间内的浓度变化，一般用 v 来表示。

$$v = -d[M]/dt$$

式中，$d[M]$ 为单体浓度的变化；dt 为反应时间的变化。

典型的自由基聚合反应包括诱导期、聚合初期、聚合中期以及聚合后期四个阶段。聚合反应开始时，引发剂分解产生的初级自由基在少量阻聚剂、杂质等存在下被猝灭，因此无聚合物生成，聚合速率和单体转化率为零，这一阶段称为"诱导期"；当转化率达到 5%～10% 时，单体转化率与反应时间基本呈线性关系，速率基本恒定，该阶段称为"聚合初期"；随着反应的进行，当单体转化率达 10%～20% 以后，聚合反应速率显著增加，并可能出现自动加速现象，直至单体转化率达 50%～70% 时，聚合速率才逐渐降低，该阶段称为"聚合中期"；当单体转化率超过 70% 时，聚合反应进入后期，聚合速率逐渐变慢直至为零，最终单体转化率可达 90%～100%，该阶段称为"聚合后期"。

自由基聚合微观动力学主要研究聚合初期（低转化率下）聚合反应速率与引发剂浓度、单体浓度、反应温度、速率常数等的定量关系。理论上，可以推导出自由基聚合微观动力学方程，如下所示：

$$R_p = k_p \left(\frac{f k_d}{k_t} \right)^{\frac{1}{2}} [M][I]^{\frac{1}{2}}$$

式中，聚合反应速率 R_p 与单体浓度 $[M]$ 成正比，与引发剂浓度 $[I]$ 的平方根成正比。在低转化率下，引发剂的浓度可视为恒定，K' 表示所有常数项，则上述方程可改写为：

$$R_p = -\frac{d[M]}{dt} = K'[M]$$

积分后得：

$$\ln \frac{[M]_0}{[M]} = K't$$

式中，$[M]_0$ 和 $[M]$ 分别为单体起始浓度和 t 时的浓度。

在实验中，测定不同时间的单体浓度 $[M]$，计算出相应的 $\ln([M]_0/[M])$ 的值，并

对时间 t 作图,可得到一条直线。

单体聚合转变成聚合物一般是熵减过程,反应体系发生收缩,其收缩程度取决于单体与聚合物的密度差,且与单体的转化率成正比。为提高灵敏度,可借助毛细管观测聚合反应发生前后的体积变化,该法即为"膨胀计法"。

设 d_1、d_2 分别表示单体和聚合物的密度,W 表示参加反应的单体总质量。当单体完全转化为聚合物时,体积收缩率为:

$$P_\infty = \frac{V_0 - V_\infty}{V_0} = \frac{W/d_1 - W/d_2}{W/d_2} = \frac{d_2 - d_1}{d_2}$$

反应进行到 t 时刻,体积收缩率为:

$$P_t = \frac{V_0 - V_t}{V_0} = \frac{\Delta V}{V_0}$$

单体转化率为:

$$P_\infty = \frac{[M]_0 - [M]}{[M]_0} = \frac{P_t}{P_\infty} = \frac{d_2}{(d_2 - d_1) \times V_0} \times \Delta V$$

对 t 求导,得:

$$\frac{-d[M]}{dt} = \frac{d_2 \times [M]_0}{(d_2 - d_1) \times V_0} \times \left(\frac{-dV_t}{dt}\right)$$

通过作 V_t 与 t 的关系图,可求得等式右边的值,进而计算出聚合反应的速率 R_p。

三、仪器与药品

1. 仪器

名称	规格	数量	用途
膨胀计	250mL	1	测量聚合前后体积变化
恒温水浴	—	1	提供聚合反应温度
锥形瓶	100mL	1	充分混合反应物

2. 药品

化学结构式/分子式	中英文名称与CAS号	物理与化学性质
(苯乙烯结构式)	苯乙烯 styrene 100-42-5	摩尔质量:104.15g/mol 溶解性:不溶于水,溶于乙醇、乙醚等有机溶剂。 熔/沸点:−30.6℃/145.2℃
(偶氮二异丁腈结构式)	偶氮二异丁腈 2,2'-azobis(2-methylpropionitrile) 78-67-1	摩尔质量:164.208g/mol 溶解性:不溶于水,溶于乙醇、乙醚、甲苯、甲醇等多种有机溶剂 熔/沸点:102~104℃/(236.2±25.0)℃
(甲苯结构式)	甲苯 toluene 108-88-3	摩尔质量:92.14g/mol 溶解性:能与乙醇、乙醚、丙酮、氯仿、二硫化碳和冰醋酸混溶,不溶于水 熔/沸点:−94.9℃/110.6℃

四、实验步骤

单体与引发剂混合物的配制见表3.1。

表 3.1 单体与引发剂混合物的配制

样品编号	St/mL	AIBN/g
1	20	0.060
2	20	0.030

以样品 1 为例,实验具体步骤如下:

1. 于 100mL 锥形瓶中,加入 60mg AIBN 与 20mL 苯乙烯,轻轻摇晃使 AIBN 溶解并充分混合均匀。取适量溶液加入膨胀计下部的反应器中,并装配上带有刻度的毛细管,单体液柱即沿毛细管开始上升。随后,将膨胀计下部的反应器置于预先升至 70℃ 的恒温水浴中。注意:毛细管部分应无遮挡,以便读取体积变化数值;70℃ 时,苯乙烯和聚苯乙烯的密度分别为 $0.86 g/cm^3$ 和 $1.046 g/cm^3$。

2. 反应开始前,由于单体受热膨胀,毛细管液面逐渐上升,当液面稳定时即达到热平衡状态,记录下此刻液面的高度(H_0)。反应开始时,体积收缩,液面下降,记录下此刻时间 t_0。此后,每 3min 记录一次液面高度(H),直到液面低于毛细管最低刻度或反应超过 45min。

3. 取出膨胀计,将反应液倒入规定的废液瓶中,并用少量甲苯洗涤反应器和毛细管,根据需要可清洗 2~3 次,将清洗后的甲苯倒入废液瓶中统一处理。

注意事项:

1. 本实验中,V_0 是毛细管体积与反应器体积的总和,可由毛细管液面下降的高度与毛细管常数的乘积得到。

2. 样品 2 是为了比较引发剂浓度对聚合速率的影响。

五、思考题

1. 如何标定毛细管的仪器常数?
2. 推导自由基聚合微观动力学方程时使用了哪些假设。
3. 在本实验中,苯乙烯聚合过程中存在明显的体积收缩,那么是否还存在聚合后体积膨胀的单体?若有,这类单体在结构上存在什么特征?

六、知识拓展

根据聚合动力学的通用公式,通过测定相应的条件下的反应速率,然后进行计算和拟合可以求得引发剂的反应级数、单体的反应级数、聚合反应总的表观活化能等动力学参数,虽然聚合速率常常以单位时间内单体的消耗量或聚合物生成量表示,但基础的实验数据缺失转化率-时间相关信息[1,2]。

转化率的测定方法有直接法和间接法两类,间接法的原理是测定聚合过程中比体积(单位质量体积)、黏度、折射率、介电常数、吸收光谱等物性的变化,以直接法为参比表征,间接求取转化率。其中最常用的是比体积(比容)膨胀剂法,也就是本实验所采用的方法。直接法包括称量法,测定原理是在聚合过程中定期取样,聚合物经过分离、洗涤、干燥、称重,然后计算转化率。下面简单介绍称重法测定转化率[3]。

以丙烯腈的自由基聚合为例[4],在聚合反应中,每隔一定的时间从反应器中称取 0.8~1.0g(精确到 0.1mg)样品置于两块 10cm×10cm 的方形玻璃片中,用力压成薄膜。然后,将两块玻璃反方向打开并浸在纯净水中,使其凝固析出。把凝固的薄膜用纯净水洗

涤、真空中烘干至恒重,最终称重(精确到0.1mg)后,根据下面公式计算此时聚合反应的转化率:

$$C = \frac{M_0 - M}{M_0} \times 100\%$$

$$= \frac{聚合液中高聚物的质量分数}{M_0} \times 100\%$$

$$= \frac{高聚物薄膜质量}{M_0 \times 与薄膜相应的聚合液质量} \times 100\%$$

式中,M_0 为聚体开始前体系中单体的初始质量分数;M 为聚合结束后体系中总单体的残余质量分数。

七、参考文献

[1] 潘祖仁. 自由基聚合. 北京:化学工业出版社,1983.
[2] 潘祖仁. 高分子化学. 北京:化学工业出版社,2011.
[3] Odian G. Principles of polymerization. Hoboken:John Wiley&Sons,2004.
[4] 盛维琛,周志平. 自由基聚合速率的深入讨论. 高分子通报,2008(12):75-79.

实验五 自由基共聚合反应竞聚率的测定

一、实验目的
1. 理解共聚合反应原理,学习共聚合单体竞聚率的测定方法。
2. 掌握用紫外光谱法测定共聚合反应竞聚率的方法。
3. 能够将数学的基本原理与高分子材料与工程专业知识相结合,用于识别、表达、结合文献调研分析研究高分子材料及其他相关领域中复杂的基础科学等专业问题;在讨论、分析与归纳的过程中,锻炼思维的逻辑性和严密性,以及语言的组织和表达能力。

二、实验原理
两种或两种以上单体发生共聚时,由于各自活性的差异,共聚物的组成往往与实际单体组成的比例不同。某些特殊单体如马来酸酐等,能够发生共聚合,但不能发生均聚合反应。

以二元共聚体系为例,若含有 M_1 和 M_2 两种单体,则该体系有四种链增长方式:

$$\sim\sim M_1^* + M_1 \xrightarrow{k_{11}} \sim\sim M_1 M_1^* \qquad R_{11} = k_{11}[M_1^*][M_1]$$

$$\sim\sim M_1^* + M_2 \xrightarrow{k_{12}} \sim\sim M_1 M_2^* \qquad R_{12} = k_{12}[M_1^*][M_2]$$

$$\sim\sim M_2^* + M_1 \xrightarrow{k_{21}} \sim\sim M_2 M_1^* \qquad R_{21} = k_{21}[M_2^*][M_1]$$

$$\sim\sim M_2^* + M_2 \xrightarrow{k_{22}} \sim\sim M_2 M_2^* \qquad R_{22} = k_{22}[M_2^*][M_2]$$

共聚物中两种单体组成含量之比与以上四个速率常数以及单体浓度的关系式为:

$$\frac{d[M_1]}{d[M_2]} = \frac{k_{11}[M_1^*][M_1] + k_{12}[M_1^*][M_2]}{k_{12}[M_1^*][M_2] + k_{22}\dfrac{k_{12}[M_1^*][M_2]}{k_{21}[M_1]}[M_2]} = \frac{[M_1]}{[M_2]} \times \frac{k_{11}k_{21}[M_1] + k_{12}k_{21}[M_2]}{k_{12}k_{21}[M_1] + k_{22}k_{12}[M_2]}$$

若令:

$$r_1 = \frac{k_{11}}{k_{12}}, \quad r_2 = \frac{k_{22}}{k_{21}}$$

即得到共聚物组成方程:

$$\frac{d[M_1]}{d[M_2]} = \frac{[M_1]}{[M_2]} \times \frac{r_1[M_1] + [M_2]}{[M_1] + r_2[M_2]}$$

式中,r_1、r_2 即为竞聚率,r_1 表示单体 M_1 自增长速率常数与交叉增长速率常数之比;r_2 表示单体 M_2 自增长速率常数与交叉增长速率常数之比。

竞聚率是共聚物组成方程中的重要参数,它决定了最终共聚物的组成,也可用来判断共聚行为。因此,聚合前了解单体的竞聚率非常重要。对于非已知单体对,则可以通过对共聚物组成方程的改写来计算出相应单体对的竞聚率,如将方程改写成:

$$r_2 = \frac{[M_1]}{[M_2]} \times \left\{ \frac{d[M_1]}{d[M_2]} \left(1 + \frac{[M_1]}{[M_2]} r_1 \right) - 1 \right\}$$

依据此式，可以从实验数据求出单体对的竞聚率 r_1 和 r_2。在转化率低于 5% 时，单体浓度可以用投料时的浓度代替，共聚物中相应单体的含量可以通过紫外光谱等分析手段测试得出。通过改变起始单体浓度，可根据上式作出 r_2-r_1 关系直线。因 r_1 和 r_2 都是未知数，作图前需先设定几组 r_1 的数值，然后按上式计算出相应的 r_2，再以 r_2 对 r_1 作图，进而得出一条直线。这些直线在图上的交点坐标即为单体对的竞聚率。

三、仪器与药品

1. 仪器

名称	规格	数量	用途
试管	15mm×200mm	5	反应容器
翻口塞	—	5	密封试管
恒温水浴	—	1	提供聚合反应温度
微量进样器	—	1	注射引发剂
注射器针头	—	10	排除氧气
紫外-可见分光光度计	—	1	测定共聚物中单体含量

2. 药品

化学结构式/分子式	中英文名称与 CAS 号	物理与化学性质
(苯乙烯结构式)	苯乙烯 styrene 100-42-5	摩尔质量：104.15g/mol 溶解性：不溶于水，溶于乙醇、乙醚等有机溶剂 熔/沸点：−30.6℃/145.2℃
(甲基丙烯酸甲酯结构式)	甲基丙烯酸甲酯 methyl methacrylate 80-62-6	摩尔质量：100.116g/mol 溶解性：微溶于水，溶于乙醇等有机溶剂 熔/沸点：−48℃/100.3℃
(偶氮二异丁腈结构式)	偶氮二异丁腈 2,2′-azobis(2-methylpropionitrile) 78-67-1	摩尔质量：164.208g/mol 溶解性：不溶于水，溶于乙醇、乙醚、甲苯、甲醇等多种有机溶剂 熔/沸点：102～104℃/(236.2±25.0)℃
(氯仿结构式)	氯仿 trichloromethane 67-66-3	摩尔质量：119.38g/mol 溶解性：能与乙醇、苯、乙醚、石油醚、四氯化碳、二硫化碳和油类等混溶 熔/沸点：−63.5℃/61.2℃
—	石油醚 petroleum ether 8032-32-4	摩尔质量：78.112～100.2g/mol 溶解性：不溶于水，溶于乙醇、苯、氯仿、油类等有机溶剂 熔/沸点：−40℃/60～90℃

四、实验步骤

1. 配制一系列不同比例的聚甲基丙烯酸甲酯（PMMA）和聚苯乙烯（PS）混合物的氯仿溶液，各聚合物的物质的量之比（%）如表 3.2 所示。用紫外-可见分光光度计测定波长为 265nm 处的摩尔吸光系数（K_0），根据测定结果填写表 3.2，并绘制混合物比例与 K_0 的工作曲线。

表 3.2 PMMA 与 PS 的用量及 K_0

序号	PMMA/%	PS/%	K_0（测试后填写）
1	0	100	
2	10	90	
3	20	80	
4	30	70	
5	40	60	
6	50	50	
7	60	40	
8	70	30	
9	80	20	
10	90	10	
11	100	0	

2. 用紫外-可见分光光度计测定甲基丙烯酸甲酯（MMA）和苯乙烯（St）两单体的自由基共聚竞聚率。取 5 个 15mm×200mm 的试管，洗净，烘干，塞上翻口塞；在翻口塞上插入两根注射器针头，一根作为氮气入口，一根作为氮气出口；将 100mg 偶氮二异丁腈（AIBN）溶解在 5mL MMA 中作为引发剂，低温保存、待用。

3. 分别用注射器在上述 5 个试管中加入表 3.3 所示的精制 MMA 和精制 St 单体。用微量进样器向每个试管中加入 1mL 引发剂溶液，将 5 个试管同时放入 80℃ 恒温水浴中进行聚合，控制聚合时间为 15min。

表 3.3 精制 MMA 和精制 St 单体的用量

编号	MMA/mL	St/mL
1	0.2	0.8
2	0.4	0.6
3	0.5	0.5
4	0.6	0.4
5	0.8	0.2

4. 同时取出 5 个试管并置于冰水中迅速冷却停止反应，倒入过量石油醚以沉淀出聚合物，粗产物经过滤后再溶于少量氯仿，用石油醚沉淀，该过程可根据需要重复 2~3 次；将所得聚合物过滤、收集并置于 40℃ 真空烘箱中干燥至质量不再发生变化。

5. 将所得聚合物样品配成约 10^{-3} mol/L 的氯仿溶液，在 265nm 波长下测定该溶液的吸光度，对照工作曲线得出各聚合物的组成。

6. 按照下述公式用作图法求出 r_1 与 r_2。

$$r_2 = \frac{[M_1]}{[M_2]} \times \left\{ \frac{d[M_1]}{d[M_2]} \left(1 + \frac{[M_1]}{[M_2]} r_1 \right) - 1 \right\}$$

五、思考题

1. 查找并简要介绍其他测定共聚物中单体含量的方法。

2. 相同的单体在不同的聚合反应中往往表现出不同的竞聚率，试解释原因。

3. 为什么某些不能均聚合的单体可以与其他单体进行共聚合？试举例说明。

六、知识拓展

竞聚率对于研究共聚反应具有重要意义，通过竞聚率可以确定最佳聚合条件，从而为生产实践提供指导。一般的化工手册提供的都是常见单体的竞聚率，对于一些特殊单体，则需通过实验进行测定[1,2]。在工业生产中，测定竞聚率的方法主要可以分成两个步骤：步骤一是测定共聚物的组成或残留单体量；步骤二是用动力学计算法计算共聚的竞聚率。常用的竞聚率测定方法主要有紫外光谱法、元素分析法、红外光谱法、核磁共振法、气相色谱法等，前面四种方法均是测定共聚物的组成，最后一种方法是测定残留单体量[3-5]。不同测试方法和计算方法得到的竞聚率结果也不尽相同。除了本实验提供的紫外光谱法，下面再简单介绍两种测定竞聚率的方法。

1. 气相色谱法（GC）

气相色谱法（GC）是分离和定量分析的有力工具，适用于具有蒸气压的液体、气体化合物的定性、定量分析，也可用来研究聚合动力学及竞聚率的测定。Mano及其同事Harmood等都曾用气相色谱法测定过苯乙烯和甲基丙烯酸甲酯共聚的竞聚率。他们的实验结果完全吻合。在竞聚率测定过程中，他们首先用对苯二酚的甲醇溶液使共聚反应终止，在甲醇中将共聚物沉淀析出。经过滤、净化、干燥后测得共聚合反应的转化率。然后，用热导池作气相色谱分析的检测器，以甲苯作内标物测定配料中两种单体的含量以及共聚物分离后母液中两种残余单体的含量，由后者推算出共聚物的组成。

用GC测定竞聚率，可不必将共聚物分离出来，而由测定剩余单体组成推算共聚物组成来求算竞聚率。两种不同结构的单体对，大都能用GC测定，GC还可用于气态单体的共聚体系的研究，具有普适性，如在低转化率下可准确求算竞聚率，GC无疑将是适用性最广的方法。

2. 核磁共振氢谱法（^{1}H NMR）

该法对竞聚率的测定根据共聚物的^{1}H NMR谱图，即在低转化率下得到的共聚物经纯化后，用^{1}H NMR测定其组成，用总峰面积和单体单元或聚合物中氢的峰面积计算共聚物组成。根据单体转化率和单体或共聚物的组成，用EVM法来计算其竞聚率。

七、参考文献

[1] 李秋莲, 丁雅琴, 周锦兰, 等. 共聚反应单体竞聚率测定实验的设计与实践. 高分子通报, 2019 (11): 69-72.

[2] 王玉丹, 尹奋平. 苯乙烯与甲基丙烯酸甲酯共聚物竞聚率的测定. 西北民族大学学报（自然科学版），2016, 37 (2): 6-9.

[3] 陆志豹, 陈憬, 韩哲文, 等. 红外光谱法测定St-BMA的竞聚率. 高等学校化学学报, 1993 (10): 1473-1475.

[4] Eloisa B M, Almida R R D. A convenient technique for determination of reactivity ratios. Journal of Polymer Science Part A: Polymer Chemistry, 1970, 8 (9): 2713-2716.

[5] Lateulade A, Grassl B, Dagron-Lartigau C. Radical copolymerization of *N*-vinylcarbazole and *p*-bromostyrene: Determination of monomer reactivity ratios by SEC-multidetection. Polymer, 2006, 47 (7): 2280-2288.

实验六　原子转移自由基聚合制备聚苯乙烯

一、实验目的
1. 了解原子转移自由基聚合（ATRP）制备聚苯乙烯的基本原理与聚合工艺。
2. 了解实现活性自由基聚合的条件及其影响因素。
3. 建立追踪调研自由基聚合及相关领域的最新前沿技术的意识，能够适应现代新材料技术发展、国内外形势变化和技术要求，培养发展与适应能力以及终身学习能力。

二、实验原理
1956 年，美国科学家 Szwarc 等提出了"活性聚合"的概念，并指出活性聚合具有无终止、无转移、引发速率远大于链增长速率等特点。与传统自由基聚合相比，"可控自由基聚合"（CRP）能更精准控制聚合物的分子结构和组成等，是分子设计、特定结构和性能聚合物制备的重要手段之一。利用 CRP 技术，可以合成具有不同拓扑结构、不同组分、分子量可控且分布更窄、易后官能化的聚合物，适用单体较多，产物的应用广泛。

自 20 世纪 90 年代以来，CRP 研究逐渐发展壮大，通过将活性自由基与某特定组分可逆结合形成较稳定休眠种的方法，使自由基浓度大幅下降，有效抑制了自由基间的反应，如双基终止，最终实现了可控自由基聚合。目前，主要代表性的 CRP 包括原子转移自由基聚合（ATRP）、可逆加成-断裂链转移聚合（RAFT）、氮氧稳定自由基聚合（NMP）等。ATRP 是目前研究较早且较活跃的一种可控自由基聚合方法，它建立在原子转移自由基加成反应（ATRA）的基础上。ATRP 聚合机理如下：

引发反应：
$$R-X + Cu^{I}X/L \rightleftharpoons [R\cdot + Cu^{II}X_2/L]$$
$$\downarrow k_i \;\; +M$$

增长反应：
$$RM-X + Cu^{I}X/L \rightleftharpoons [RM\cdot + Cu^{II}X_2/L]$$
$$\downarrow k_p \;\; +M$$

$$P_n-X + Cu^{I}X/L \rightleftharpoons [P_n\cdot + Cu^{II}X_2/L]$$

① 引发反应。金属卤化物（$Cu^{I}X$）与配体（L）形成络合物（$Cu^{I}X/L$），低价态过渡金属（$Cu^{I}X/L$）从有机卤化物分子（RX）上夺取卤素原子，形成高价态的过渡金属（$Cu^{II}X_2/L$），同时生成自由基（R·）。接着，R·进攻烯烃单体（M）的双键并与之加成，形成单体自由基（RM·）。同时，RM·又可夺回高价态过渡金属上的卤素原子 X，生成 RM—X，过渡金属由高价态还原为低价态。

② 增长反应。由于自由基活化-失活的可逆平衡更趋于休眠种方向，体系中的自由基一直保持在较低浓度，从而有效抑制了自由基间的终止反应。此外，通过优化聚合反应体系，如调节引发剂/过渡金属卤化物/配体/单体的组成及比例，可保证所有增长链同时引

发和增长。同引发反应类似，RM—X 经循环后逐渐形成大分子链 R—P_n—X，显示出 ATRP 的基本特征。

③ 终止反应。若无外加终止剂等干扰，ATRP 表现出活性特征，无终止。

由于聚合物末端为 C—X 键，能够再次以其作为引发剂，若适当加入第二单体，持续进行 ATRP，可制备出嵌段共聚物。

三、仪器与药品

1. 仪器

名称	规格	数量	用途
带支管的茄形瓶	20mL	1	反应容器
密封塞	—	1	密封茄形瓶
磁力搅拌器	—	1	充分混合反应物
油浴锅	—	1	提供聚合反应温度
氮气装置	—	1	排除阻聚剂氧气
注射器针头	—	1	排除阻聚剂氧气
烧杯	100mL	1	沉淀出聚合物
一次性滴管	—	若干	滴加反应结束后的混合物
凝胶渗透色谱(GPC)	—	1	测定聚合物分子量
傅里叶变换红外光谱仪(FTIR)	—	1	鉴定聚合物官能团

2. 药品

化学结构式/分子式	中英文名称与CAS号	物理与化学性质
(苯环-CH=CH$_2$)	苯乙烯 styrene 100-42-5	摩尔质量:104.15g/mol 溶解性:不溶于水,溶于乙醇、乙醚等有机溶剂 熔/沸点:—30.6℃/145.2℃
(乙基2-溴丁酸酯结构)	2-溴丁酸乙酯 ethyl 2-bromobutyrate 533-68-6	摩尔质量:195.05g/mol 溶解性:不溶于水,可溶于乙醇、乙醚 熔/沸点:—4℃/177℃
(2,2'-联吡啶结构)	2,2'-联吡啶 2,2'-dipyridyl 366-18-7	摩尔质量:156.19g/mol 溶解性:易溶于醇、醚、苯、三氯甲烷和石油醚,溶于水 熔/沸点:70~73℃/272~273℃
CuBr	溴化亚铜 cuprous bromide 7787-70-4	摩尔质量:143.45g/mol 溶解性:溶于氢溴酸、盐酸、硝酸和氨,微溶于水,不溶于乙醇、丙酮、醋酸及沸浓硫酸等有机溶剂 熔点:492℃
(甲苯结构 CH_3-苯环)	甲苯 toluene 108-88-3	摩尔质量:92.14g/mol 溶解性:能与乙醇、乙醚、丙酮、氯仿、二硫化碳和冰醋酸混溶,不溶于水 熔/沸点:—94.9℃/110.6℃
CH_3OH	甲醇 methanol 67-56-1	摩尔质量:32.042g/mol 溶解性:溶于水,可混溶于醇类、乙醚等有机溶剂 熔/沸点:—97.8℃/64.7℃

四、实验步骤

1. 在 20mL 茄形瓶中加入磁子、精制苯乙烯（1.04g，10mmol）、2-溴丁酸乙酯（39.0mg，0.2mmol）、2,2′-联吡啶（31.2mg，0.2mmol）和甲苯（2mL），将茄形瓶的支管连接到氮气装置上，瓶口用密封塞塞住，并插入一根注射器针头作为氮气出口（图3.4）。

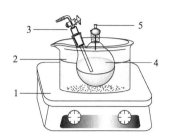

图 3.4 原子转移自由基聚合制备聚苯乙烯的装置图
1—磁力搅拌器；2—恒温水浴；3—氮气导管；4—茄形瓶；5—注射器针头

2. 将反应瓶置于110℃油浴中进行搅拌、预热，同时打开氮气阀门，用氮气置换瓶内氧气；约5min后，快速称取溴化亚铜（28.6mg，0.2mmol），在氮气气流下打开密封塞，迅速加入溴化亚铜，继续通氮气5min。关闭氮气阀门，拔出密封塞上的针头，并立刻用真空硅脂封住针孔。

3. 将反应瓶在110℃的油浴中持续搅拌反应5h，观察瓶中反应体系颜色的变化。反应结束后，打开密封塞，加入2mL甲苯稀释反应体系，同时使空气进入瓶内，让反应液暴露在空气中搅拌10min。为防止灰尘等落入瓶内，可以用锡箔纸盖住瓶口。

4. 搅拌结束后，观察瓶中反应体系颜色的变化。在烧杯中加入20mL的甲醇和磁子，快速搅拌的同时用一次性滴管慢慢将甲苯溶液滴入烧杯内。沉淀出聚合物后，进行过滤并收集。收集的聚合物再次用2mL甲苯溶解后通过硅胶柱除去铜盐。收集过柱后的溶液，进行浓缩、沉淀操作，根据需要可以重复2~3次，以完全除去未反应的单体和溶剂等。最终产物聚苯乙烯粉末置于50℃的真空烘箱中干燥至恒重，计算产率。

5. 取少量干燥后的样品，用无水四氢呋喃配成1.0g/L的溶液，在实验指导教师指导下用GPC分析聚苯乙烯样品的分子量及其分子量分布。

6. 取5mg干燥后的样品，用溴化钾压片，借助红外光谱仪分析聚苯乙烯的特征官能团。

7. （选做）取少量干燥后的样品，用氘代氯仿配成1.0g/L的溶液，在实验指导教师指导下用核磁氢谱分析聚苯乙烯样品的特征峰，并尝试计算分子量。

五、思考题

1. 聚合反应前，聚合瓶中溶剂等需要除氧，试分析有氧环境下对聚合反应会有怎样的影响。

2. 试分析聚合反应结束后使空气进入瓶内，让反应液暴露在空气中搅拌10min的原因。

3. ATRP需使用大量的铜盐，试列举去除聚合物中残余铜盐的其他方法。

六、知识拓展

目前研究比较活跃的其他可控自由基聚合主要有以下几种：①基于引发-转移-终止剂（iniferter）的"活性"自由基聚合；②链增长自由基被氮氧稳定自由基（如 TEMPO）可逆钝化的"活性"自由基聚合；③可逆加成-断裂链转移（RAFT）的可控自由基聚合。它们实现活性聚合的思路都是将活性自由基与某种媒介物可逆结合形成比较稳定的休眠种，使自由基浓度大幅度下降，有效地抑制了自由基之间的双基终止反应，从而将自由基聚合实现了活性化[1-3]。

以上可控自由基聚合方法各有特点[4,5]。例如，TEMPO 法较适用于苯乙烯的聚合，而不适用于其他的单体；iniferter 法所得聚合物的分子量分布较宽；RAFT 适用的单体范围广泛，但引发剂的合成十分烦琐，因此研究群体较少；ATRP 相对有较多的优点，如适用的单体很广泛、原料易得到，是目前可控自由基聚合中研究最为活跃的一个方向，但 ATRP 需使用大量的过渡金属催化剂，因此存在聚合后残余催化剂的脱除问题等。

可控自由基聚合的一大缺点是聚合速率过慢，这是聚合体系中活性种的浓度很低造成的[6]。另一大缺点是聚合物的分子量难以达到很高，因为活性种之间的双基终止还不能完全避免，并不是真正的活性聚合。高分子量的聚合物的生成需很长时间，在此聚合过程中，双基终止所占的比例要逐渐增加，限制了高分子量聚合物的生成。因此，可控自由基目前限于理论基础研究、聚合物改性、各种新型聚合物的制备等，要实现大批产品的工业化，还需解决许多问题。

七、参考文献

[1] 丘坤元. 自由基聚合近 20 年的发展. 高分子通报，2008（7）：15-28.
[2] 李强，张丽芬，柏良久，等. 原子转移自由基聚合的最新研究进展. 化学进展，2010，22（11）：2079-2088.
[3] 陈小平，丘坤元. "活性"/控制自由基聚合的研究进展. 化学进展，2001，13（3）：224-233.
[4] 袁金颖，楼旭东，潘才元. 原子转移自由基聚合反应及其进展. 化学通报，2000，63（3）：1-7.
[5] 徐文健. "活性"/可控自由基聚合合成具有功能性侧链或端基聚合物. 苏州：苏州大学，2006.
[6] Vana P. Controlled radical polymerization at and from solid surfaces. Berlin：Springer International Publishing，2016.

实验七 可逆加成-断裂链转移聚合制备自愈合材料

一、实验目的
1. 了解可逆加成-断裂链转移聚合（RAFT）的基本原理，掌握用 RAFT 方式制备嵌段共聚物的聚合工艺。
2. 了解 RAFT 的优势及其与 ATRP 的不同之处。
3. 了解自修复聚合物材料的修复机理和应用，能够站在资源充分利用和社会可持续发展的角度思考高分子材料合成、改性与加工应用的工程实践，培养独立设计新型功能材料的能力。

二、实验原理
在传统的自由基聚合中，自由基浓度较高，聚合反应不可控，且容易发生自由基间的终止反应。如果在聚合体系中加入链转移常数较高的链转移剂，使得增长自由基和链转移剂之间进行可逆转移，可有效降低聚合体系中自由基的浓度，从而具有实现活性自由基聚合的可能。1998 年，Rizzardo 首次提出了可逆加成-断裂链转移自由基聚合（RAFT）的概念。在 RAFT 中，通常加入双硫代碳酸酯或三硫代碳酸酯衍生物作为链转移剂。以双硫代碳酸酯 SC(Z)S—R 为例，聚合过程中，它与增长链自由基 $P_n\cdot$ 形成休眠的中间体 [SC(Z)S—P_n]，抑制了增长链自由基之间不可逆的双基终止反应。休眠中间体可从对应的硫原子上再释放出新的活性自由基 R·，R·结合单体形成增长链。聚合时，加成或断裂的速率要比链增长的速率快得多，SC(Z)S—R 在活性种与休眠种之间迅速转移，从而体现出"活性聚合"特征。

RAFT 的最大优点是适用的单体范围广。除了苯乙烯等常见单体外，丙烯酸等质子性单体、酸/碱性单体、含特殊官能团的烯类单体均可聚合，且不需要使用过渡金属盐等难以从聚合产物中去除的组分。此外，RAFT 产物分子量分布窄，聚合温度温和（一般为 60～70℃），分子设计性强，可以用来制备嵌段、接枝、星型等多种拓扑结构的共聚物。由于双硫代碳酸酯或三硫代碳酸酯始终存在于聚合物中，能够再次以其作为大分子引发剂，若加入合适的第二单体，可以持续进行聚合，得到嵌段共聚物。可逆加成-断裂链转移聚合的聚合机理如下所示：

引发反应：
$$\text{引发剂} \longrightarrow I\cdot \xrightarrow{+M} P_n\cdot$$

转移反应：
$$P_n\cdot + S{=}C(Z){-}S{-}R \underset{k_{-add}}{\overset{k_{add}}{\rightleftharpoons}} P_n{-}S{-}C(Z){-}S{-}R \rightleftharpoons P_n{-}S{-}C(Z){=}S + R\cdot$$

增长反应：
$$R\cdot \xrightarrow[k_p]{M} R{-}M\cdot \xrightarrow{+M} P_m\cdot$$

转移反应：

$$P_m\cdot + P_n-S-\underset{Z}{C}=S \underset{k_{-addP}}{\overset{k_{addP}}{\rightleftharpoons}} P_n-S-\underset{Z}{\overset{S-P_m}{C}}\cdot \underset{k_{-addP}}{\overset{k_{addP}}{\rightleftharpoons}} P_m-S-\underset{Z}{C}=S + P_n\cdot$$

总反应：

$$引发剂 + 单体 + S=\underset{Z}{C}-S-R \longrightarrow S=\underset{Z}{C}-S-P_m-R$$

聚合物材料在长期使用过程中很容易产生一些宏观裂痕以及内部微痕，这极大地影响了材料的整体使用寿命。20世纪80年代，自修复聚合物材料概念首次被提出。自修复材料能够在无外界的作用下治愈划痕或切口并恢复材料原有的一些性能，如机械性能、表面性能甚至分子量等。这种材料的应用将极大地促进高聚物材料的安全性和耐久性，并且不需在监测或外部修理上花费较大成本。因此，目前自修复聚合物材料的研究成为科研人员聚焦的热点领域。根据修复过程是否植入修复剂，可将自修复材料分为外援型自修复材料（extrinsic self-healing materials）和本征型自修复材料（intrinsic self-healing materials）两类。本征型自修复材料可通过材料内部化学键的可逆断开和结合进行多次自修复。内部化学键的可逆反应又可分为可逆共价键和可逆非共价键反应，其中氢键相互作用由于高敏感性，目前已被大量报道用于材料自修复。为了保证自修复效率，需要材料具有足够多的氢键，并且高分子链应有充分的活动性。因此，可通过RAFT首先制备出一段含氢键的聚合物，然后加入第二单体持续聚合，得到另一段具有较好柔顺性的嵌段共聚物。

三、仪器与药品

1. 仪器

名称	规格	数量	用途
带支管的茄形瓶	50mL	1	反应容器
密封塞	—	1	密封茄形瓶
磁力搅拌器	—	1	充分混合反应物
油浴锅	—	1	提供聚合反应温度
氮气装置	—	1	排除阻聚剂氧气
注射器针头	—	1	排除阻聚剂氧气
注射器	—	1	注射第二种单体
聚四氟乙烯模具	—	1	制备哑铃状样条
凝胶渗透色谱(GPC)	—	1	测定聚合物分子量
电子拉力机	—	1	表征聚合物自修复性能

2. 药品

化学结构式/分子式	中英文名称与CAS号	物理与化学性质
(丙烯酸正丁酯结构式)	丙烯酸正丁酯 butyl acrylate 141-32-2	摩尔质量：128.169g/mol 溶解性：不溶于水，可混溶于乙醇、乙醚 熔/沸点：−69℃/145.9℃
(丙烯酸结构式)	丙烯酸 acrylic acid 79-10-7	摩尔质量：72.063g/mol 溶解性：与水混溶，可混溶于乙醇、乙醚 熔/沸点：13℃/141℃
$C_{12}H_{25}$-S-C(=S)-S-C(CH$_3$)$_2$-COOH	2-(十二烷基三硫代碳酸酯基)-2-甲基丙酸 CTA 461642-78-4	摩尔质量：364.63g/mol 溶解性：可溶于醇、三氯甲烷等有机溶剂，不溶于水 熔/沸点：62～64℃/505.984℃

化学结构式/分子式	中英文名称与 CAS 号	物理与化学性质
![structure] CN N N CN	偶氮二异丁腈 2,2'-azobis(2-methylpropionitrile) 78-67-1	摩尔质量:164.208g/mol 溶解性:不溶于水,溶于乙醇、乙醚、甲苯、甲醇等多种有机溶剂 熔/沸点:102~104℃/(236.2±25.0)℃
![structure] O O	1,4-二氧六环 1,4-dioxane 123-91-1	摩尔质量:88.105g/mol 溶解性:与水混溶,可混溶于有机溶剂 熔/沸点:12℃/101℃
H₃C—O—CH₃	乙醚 ethyl ether 60-29-7	摩尔质量:74.12g/mol 溶解性:微溶于水,能与多种有机溶剂混溶 熔/沸点:−116.2℃/34.5℃

四、实验步骤

1. 在 50mL 茄形瓶中加入磁子、精制丙烯酸（2.00g，27.8mmol）、2-(十二烷基三硫代碳酸酯基)-2-甲基丙酸(73mg,0.2mmol)、AIBN(3.3mg，0.02mmol) 和 1,4-二氧六环 (4mL)，将反应茄形瓶的支管连接到氮气装置上，瓶口用密封塞塞住，并插入一根注射器针头作为氮气出口（图 3.5）。

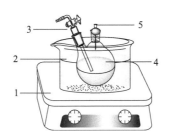

图 3.5 RAFT 制备聚丙烯酸-聚丙烯酸正丁酯嵌段共聚物的装置图
1—磁力搅拌器；2—恒温水浴；3—氮气导管；4—茄形瓶；5—注射器针头

2. 将反应瓶置于 75℃ 的油浴中进行搅拌、预热，同时打开氮气阀门，用氮气置换瓶内氧气。约 5min 后，将温度升至 75℃，再通氮气 5min，关闭氮气阀门，拔出密封塞上的针头，并立刻用真空硅脂封住针孔。

3. 将反应瓶在 75℃ 的油浴中持续搅拌反应 7h，观察瓶中反应体系黏度的变化。

4. 将精制丙烯酸正丁酯（2.00g，15.61mmol）溶于 1,4-二氧六环（2mL）中，在氮气流条件下，用注射器注入上述丙烯酸正丁酯的 1,4-二氧六环溶液，反应在 75℃ 的油浴中继续进行 8h，冷却停止反应。

5. 在烧杯中加入 50mL 的乙醚和磁子，快速搅拌的同时用一次性滴管慢慢将上述反应混合物滴入烧杯内；沉淀出聚合物，过滤，收集。根据需要，该沉淀步骤可以重复 2~3 次，以完全除去未反应的单体和溶剂等。最终产物再置于 50℃ 左右的真空烘箱中干燥至恒重，计算产率。

6. 取少量干燥后的样品，用 1,4-二氧六环溶解后倒入聚四氟乙烯模具中，置于 40℃ 烘箱中慢慢挥发溶剂，得到哑铃状样条。

7. 将两根哑铃状样条分别涂上不同的颜色，将两根样品切割断裂成两部分，然后交换不同颜色的部分,使其断截面充分接触到一起,观察伤口的愈合情况(图 3.6)。

图 3.6 聚合物材料的自修复过程

8. 将样品制成平行的同样尺寸的五根哑铃状样条,把其中四根样条切成两段,然后将断截面接触到一起,将样条放置在室温下分别愈合 10min、30min、1h 以及 2h。对未切割的原始样条及这些不同愈合时间的样条进行拉伸测试,通过机械性能的恢复情况来评判其自修复性能。

五、思考题

1. 试分析 RAFT 聚合与 ATRP 聚合的不同之处及其优缺点。
2. 为什么选取聚丙烯酸正丁酯作为第二嵌段共聚物?
3. 调研文献,总结聚合物材料自修复性能的其他表征方法。

六、知识拓展

基于动态非共价化学作用的自修复材料通常以超分子聚合物形式存在[1-3]。在用于自修复材料时,超分子化学展现出可逆性、指向性和刺激-响应性等突出优势。此外,与共价键相比,超分子网络结构可以快速且可逆地重构,从低密度、高自由体积的液态转变到低自由体积、具有弹性和塑性的固态网络结构。除本实验研究的氢键相互作用外,常见的超分子结构还包括 π-π 堆积、金属配位作用、离子相互作用等,下面将对其逐一进行介绍[4-6]。

1. π-π 堆积

π-π 堆积由芳环骨架的末端富 π 电子和末端缺 π 电子之间的相互作用形成。这种相互作用可用于热引发的自修复超分子聚合物体系。例如,采用链折叠的末端带有聚硅氧烷的共聚聚酰亚胺(缺电子)与芘基(富电子),可通过调节共聚物的组分,使网络结构的 T_g 为一个相对较宽的温度范围(-50~100℃),从而赋予材料自修复性能。

2. 金属配位作用

由于金属-配体(M-L)配合物热力学和动力学参数可调范围较宽,将其引入自修复体系有望制备机械性能可调的材料。M-L 配合物引起了广泛的关注。最常用的 M-L 系统是多齿氮基芳族配体,如三联吡啶。基于金属配位作用的聚合物材料,其分子链受到一定程度的拉伸时,配位键会断裂,外力撤去时,经过一定时间,在室温下配位键可重新形成,从而使材料具有高拉伸性和室温自修复性能。

3. 离子相互作用

聚合物中离子键的相互作用主要体现在离子键的形成上。例如,在聚(乙烯-甲基丙烯酸)中,愈合不需外部加热或其他刺激,仅需室温便可。通常可以使用含咪唑基的聚离子液体等制成基于离子相互作用的自修复凝胶材料。

七、参考文献

[1] Hentschel J, Kushner A M, Ziller J, et al. Self-healing supramolecular block copolymers. Angewandte Chemie In-

ternational Edition, 2012, 51 (42): 10561-10565.

[2] Chen Y, Kushner A M, Williams G A, et al. Multiphase design of autonomic self-healing thermoplastic elastomers. Nature Chemistry, 2012, 4 (6): 467-472.

[3] Burnworth M, Tang L, Kumpfer J R. Optically healable supramolecular polymers. Nature, 2011, 472: 334-337.

[4] Bode S, Zedler L, Schacher F H. Self-healing polymer coatings based on crosslinked metallosupramolecular copolymers. Advanced Materials, 2013, 25 (11): 1634-1638.

[5] Mozhdehi D, Ayala S, Cromwell O R. Self-healing multiphase polymers via dynamic metal-ligand interactions. Journal of the American Chemical Society, 2014, 136 (46): 16128-16131.

[6] Seo D H, Lee J, Urban A. The structural and chemical origin of the oxygen redox activity in layered and cation-disordered Li-excess cathode materials. Nature Chemistry, 2016, 8: 692-697.

第四章

配位聚合

配位聚合的活性中心不同于自由基聚合和离子聚合的自由基或正负离子,其是单体的双键与带有烷基的过渡金属元素空 d、f 轨道配位后进行聚合反应。可发生配位聚合的单体主要有 α-烯烃、取代苯乙烯、共轭烯烃及环烯烃等。

配位聚合的重要催化剂之一是 Ziegler-Natta 催化剂,Ziegler-Natta 催化剂的主要成分从最初的 $TiCl_4$(或 $TiCl_3$)和 $Al(C_2H_5)_3$,逐渐发展到由 ⅣB~ⅧB 族过渡金属化合物以及ⅠA~ⅢA 族金属有机化合物两大组分配合而成,具体组合难以计数。

ⅣB~ⅧB 族过渡金属(Mt)化合物种类繁多,代表性的金属有 Ti、V、Mo、Zr、Cr 等。其氯(或溴、碘)化物 $MtCl_n$、氧氯化物 $MtOCl_n$、乙酰丙酮物 $Mt(acac)_n$、环戊二烯基(Cp)及金属氯化物 Cp_2TiCl_2 等,主要用于 α-烯烃的配位聚合;环烯烃的开环聚合的专用组分为 $MoCl_5$ 和 WCl_6;可用于二烯烃定向聚合的主要有 Co、Ni、Ru、Rh 等的卤化物或羧酸盐组分。

ⅠA~ⅢA 族金属有机化合物主要有 AlR_3、LiR、MgR_2、ZnR_2 等,R 一般为烷基或环烷基。其中使用最为广泛的是有机铝,如 $AlR_{3-n}Cl_n$、AlH_nR_{3-n},一般 $n=0$ 或 1。比如:三乙基铝、氯化二乙基铝及三异丁基铝等。

在以上两组分的基础上,提高催化剂活性和聚合物等规度可通过添加给电子体以及将催化剂负载的方法来实现。为了提高配位催化剂的活性或者定向能力,常常会加入第三组分。第三组分的组成一般是含有 O、N、P、Si 和 S 等杂原子的给电子化合物,比如醇、醚、酯和羧酸等含氧化合物;脂肪族或芳香族胺类化合物,以及硫醇、硫酚或硫醚类有机硫化物;硅烷、卤代硅烷和聚硅氧烷等有机硅化合物。第三组分对催化剂的定向性和聚合物的定向结构均有较大影响,一般情况下,提高催化剂活性的同时往往会使催化剂的定向能力降低,但也有些第三组分可以使催化剂的活性及定向能力同时得到提高。除此之外,产物的分子量还有可能受到第三组分的影响。因为催化剂本身以及各组分之间相互作用比较复杂,第三组分的选择多是依靠经验,需要多次实验来确定。

配位聚合反应大多采用溶液聚合法、气相聚合法和淤浆聚合法来实施。溶液聚合法使用烃类溶剂,在中压(2.02~7.07MPa)和高于聚合物熔点温度下进行,单体和聚合物都溶解(或大部分溶解)在溶剂中。气相聚合法将气相单体通过流化床反应器直接聚合成产物。淤浆聚合法与溶液聚合法相似,需要使用烃类溶剂,但反应温度与压力均低于溶液聚合法，通常在小于 2.52MPa 和低于 100℃下进行，且聚合物不溶于溶剂。

  配位聚合催化剂对水、氧等杂质极为敏感，所以配位聚合反应对单体的纯度、反应体系的湿度及氧含量的要求均非常严格。因此在高分子工业生产中，其工业实施方法不能像自由基聚合那样使用水作为反应介质，单体和反应介质的含水量应严格控制在允许的范围。空气中的氧一般不会发生阻聚反应，但可与催化剂反应使之失去活性，因此需隔绝空气中的氧。作为助催化剂的有机铝化学性质特别活泼，它遇到氧、水等均可发生比较剧烈的反应，甚至发生自燃，使用时需格外注意。

实验一　Ziegler-Natta 催化剂催化丙烯配位聚合

一、实验目的
1. 掌握高效 Ziegler-Natta 主催化剂的制备方法、丙烯配位聚合的原理及无水无氧的操作方法。
2. 初步学习用现代分析测试技术表征样品的物理性质。
3. 了解 Ziegler-Natta 催化剂在工业生产中的应用及聚丙烯材料在社会生活中的应用，培养从事产品研发、工艺设计等方面的能力，提高独立分析问题的能力和创新能力。

二、实验原理
以 $TiCl_4/MgCl_2$ 体系为基础的非均相载体催化剂是目前工业上制备聚 α-烯烃最常用的 Ziegler-Natta 催化剂。一般情况下可通过共研磨法、悬浮浸渍法和反应法来制备载体催化剂，这三种方法的比较见表 4.1。

表 4.1　制备载体催化剂方法的比较

制备方法	操作过程	优点	不足
共研磨法	N_2 氛围下，将 $MgCl_2$ 载体、酯类电子给体和 $TiCl_4$ 在振动磨或球磨机中进行共研磨	工艺简单，基本无三废	催化剂颗粒形态、粒度分布和化学组成均匀性不够理想
悬浮浸渍法	N_2 氛围下，将研细的 $MgCl_2$ 悬浮于主催化剂 $TiCl_4$ 中回流后过滤、洗涤和干燥即可得到催化剂	催化剂形态好，化学组成较为均匀，活性高	需要使用大量的溶剂和 $TiCl_4$，三废多
反应法	先用溶剂（醇、四氢呋喃等）溶解 $MgCl_2$，或者通过化学反应生成 $MgCl_2$ 的同时，加入 $TiCl_4$ 等组分进行反应和负载	催化剂颗粒里外化学组成均匀，长效、易于控制	存在三废问题

本实验通过反应法制备高活性的 $\delta\text{-}MgCl_2$，再通过悬浮浸渍法负载 $TiCl_4$，得到高效 Ziegler-Natta 主催化剂，进一步在 $AlEt_3$（助催化剂）活化下进行丙烯配位聚合，聚合体系中通过加入电子给体 $Si(CH_3)_2(OC_2H_5)_2$ 以提高聚丙烯的等规度。

丙烯配位聚合的反应式如下：

$$H_3C-\underset{H}{C}=CH_2 \xrightarrow[\text{庚烷,70℃}]{\text{Ziegler-Natta催化剂}} -(CH-CH_2)_n-\!\!\!\underset{CH_3}{|}$$

三、仪器与药品
1. 仪器

名称	规格	数量	用途
两口烧瓶	50mL	1	反应容器
圆底烧瓶	50mL	1	反应容器

续表

名称	规格	数量	用途
四口烧瓶	500mL	1	反应容器
冷凝管	—	1	回流反应液
滴液漏斗	50mL	1	滴加液体
磨口三通活塞	外径24mm	2	封反应瓶口
电动搅拌器		1	搅拌
磁力搅拌器		1	搅拌
恒温水浴锅	—	1	加热
索氏提取器	—	1	萃取

2. 药品

化学结构式/分子式	中英文名称与CAS号	物理与化学性质
Mg	镁粉（50目） magnesium 7439-95-4	摩尔质量：24.31g/mol 溶解性：不溶于水 熔/沸点：648.5℃/1107℃
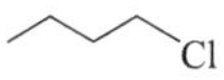 ⌒⌒Cl	1-氯丁烷 1-chlorobutane 109-69-3	摩尔质量：92.57g/mol 溶解性：能与乙醇、乙醚相混溶，几乎不溶于水 熔/沸点：−123℃/(78.2±3.0)℃
 ⌒⌒⌒	庚烷 heptane 142-82-5	摩尔质量：100.20g/mol 溶解性：不溶于水，溶于乙醇、四氯化碳，可混溶于乙醚、氯仿、丙酮、苯 熔/沸点：−91℃/(98.8±3.0)℃
$TiCl_4$	四氯化钛 titanium tetrachloride 7550-45-0	摩尔质量：189.68g/mol 溶解性：溶于冷水、乙醇、稀盐酸 熔/沸点：−25℃/135～136℃
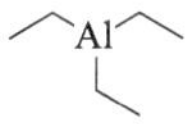 ⌒Al⌒	三乙基铝 triethylaluminum 97-93-8	摩尔质量：114.17g/mol 溶解性：溶于苯，混溶于饱和烃类 熔/沸点：−50℃/194℃
⌒⌒	丙烯（钢瓶装） propylene 115-07-1	摩尔质量：42.08g/mol 溶解性：微溶于水，溶于乙醇、乙醚 熔/沸点：−185℃/−47.7℃
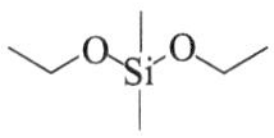 ⌒O-Si-O⌒	二甲基二乙氧基硅烷 diethoxydimethylsilane 78-62-6	摩尔质量：148.28g/mol 溶解性：可混溶于多种有机溶剂 熔/沸点：−97℃/114℃

四、实验步骤

1. $\delta\text{-}MgCl_2$ 载体的制备

在50mL圆底烧瓶中加入0.38g镁粉、38mL 1-氯丁烷，套上冷凝管后加热回流反应3h，过滤反应混合液，用庚烷洗涤滤饼。将滤饼在110℃下真空干燥，即可得 $\delta\text{-}MgCl_2$（白色粉末状），称重（约1.3g）。

2. 催化剂的制备

反应装置如图4.1所示。先将整套装置搭好后真空干燥，再置换氮气3次，然后加入0.75g $\delta\text{-}MgCl_2$ 和15mL庚烷。将反应瓶置于0℃冰浴中，搅拌下滴加 $TiCl_4$ 的庚烷溶液

（3.8mL TiCl$_4$ 溶于 4.5mL 庚烷）。待滴加完毕后，反应温度控制在 60℃左右，继续搅拌反应 2h。将反应混合液冷却至室温后，在 N$_2$ 保护下过滤，用干燥的庚烷洗涤 4 次（每次用 5mL），滤饼真空干燥 2h 后得到颗粒状催化剂干粉，密闭保存。所得催化剂 Ti 和 Mg 的质量分数可用等离子体发射光谱测定（分别约为 1%～2%和 22%）。

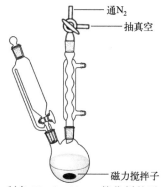

图 4.1 制备 Ziegler-Natta 催化剂的反应装置图

3. 丙烯配位聚合

反应装置如图 4.2 所示，关闭丙烯导管，通过调节三通活塞加热抽真空 30min，将反应装置置换成 N$_2$ 氛围，在 N$_2$ 氛围下依次加入 38mL 庚烷、42mg AlEt$_3$（可事先配制成庚烷溶液）、27mg 二甲基二乙氧基硅烷，室温搅拌 5min 后再加入 22.5mg 催化剂（上一步反应制得）❶，室温下搅拌 5min。补加 450mL 庚烷，通入丙烯置换体系中的 N$_2$，并保持一定的压力❷（略大于 101kPa），在 70℃下反应 2h。反应结束后用 3mL 甲醇终止反应，将反应混合液进行抽滤，滤饼用大量乙醇洗涤，再将其置于真空干燥箱在 60℃下干燥，称重，计算催化效率。

$$催化效率 = \frac{聚丙烯质量}{催化剂质量 \times 1\%}$$

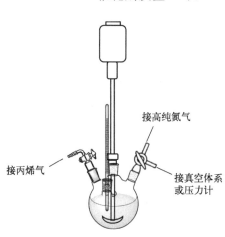

图 4.2 配位聚合反应装置示意图

---

❶ 可在氮气保护下由温度计口快速加入固体催化剂。
❷ 通过调节三通活塞来实现，赶走氮气后，将三通活塞的接头之一关闭，另一头接压力计。

4. 产物等规度的测定

准确称取一定量（约2g）产物聚丙烯，以庚烷为溶剂，用索氏提取器萃取4h，不溶物真空干燥后称重，等规度计算公式如下：

$$等规度 = 庚烷萃取后样品质量 / 庚烷萃取前质量 \times 100\%$$

五、思考题

1. 进行配位聚合反应时，应注意哪些问题？为什么？
2. 载体催化剂的制备方法有哪几种？

六、知识拓展

20世纪50年代，Ziegler等[1]和Natta[2]分别采用$TiCl_4$-$AlEt_3$催化体系和$TiCl_3$-$AlEt_2Cl$催化体系合成高密度聚乙烯和等规聚丙烯，开创了Ziegler-Natta催化剂合成聚烯烃材料的新时代。目前全世界范围内每年采用Ziegler-Natta催化剂和配位聚合方法合成的聚烯烃材料超过1亿吨，约占全部高分子合成材料总量的1/3。Ziegler-Natta催化剂主要由过渡金属化合物（主催化剂）、主族金属烷基化合物（助催化剂）以及电子给体组成[3]。经过70多年的不断发展，Ziegler-Natta催化剂也已经由最初的第一代低活性、低立构规整性的$TiCl_3$型催化剂发展为高活性、高立构规整性、良好聚合物颗粒形貌的负载型Ziegler-Natta催化剂[4,5]。非均相$TiCl_4/MgCl_2$型Ziegler-Natta催化剂（负载型Ziegler-Natta催化剂）因其高聚合活性、高立构选择性及低制备成本，生产了全球大部分的聚丙烯和聚乙烯，是目前聚烯烃领域重要的工业催化剂之一[6,7]。

七、参考文献

[1] Ziegler K, Holzkamp E, Breil H, et al. Das mülheimer normaldruck-polyäthylen-verfahren. Angewandte Chemie, 1955, 67 (19-20): 541-547.

[2] Natta G. Une nouvelle classe de polymeres d′α-olefines ayantune régularité de structure exceptionnelle. Journal of Polymer Science Part A: Polymer Chemistry, 1996, 34 (3): 321-332.

[3] Boor J. Ziegler-Natta Catalysts and Polymerizations. New York: Academic Press, 1979.

[4] Zhang J, Peng W, He A. Influence of alkylaluminium on the copolymerization of isoprene and butadiene with supported Ziegler-Natta catalyst. Polymer, 2020, 203: 122766.

[5] D′Amore M, Takasao G, Chikuma H, et al. Spectroscopic fingerprints of $MgCl_2/TiCl_4$ nanoclusters determined by machine learning and DFT. The Journal of Physical Chemistry C, 2021, 125 (36): 20048-20058.

[6] Zhang B, Qian Q, Yang P, et al. Responses of a supported Ziegler-Natta catalyst to comonomer feed ratios in ethylene-propylene copolymerization: Differentiation of active centers with different catalytic features. Industrial & Engineering Chemistry Research, 2021, 60 (12): 4575-4588.

[7] Jafariyeh-Yazdi E, Tavakoli A, Abbasi F, et al. Bi-supported Ziegler-Natta $TiCl_4$/MCM-41/$MgCl_2$ (ethoxide type) catalyst preparation and comprehensive investigations of produced polyethylene characteristics. Journal of Applied Polymer Science, 2020, 137 (15): 48553.

实验二 聚丙烯/蒙脱土纳米复合材料的制备

一、实验目的

1. 掌握蒙脱土负载 Ziegler-Natta 催化剂的方法及丙烯配位聚合的原理；了解插层聚合法的原理及过程。

2. 掌握用现代分析测试技术表征样品的物理性质。

3. 了解 Ziegler-Natta 催化剂在工业生产中的应用及聚丙烯材料在社会生活中的应用，培养从事产品研发、工艺设计等方面的能力，提高独立分析问题的能力和创新能力。

二、实验原理

有机/无机纳米复合材料是一种功能材料，一般是由无机相和有机相在纳米到亚微米范围内复合而成的，这种材料可集无机、有机、纳米粒子的诸多特性于一体，具有许多优异性能。

有机/无机纳米复合材料可通过插层聚合法来制备，其原理是利用层状无机物（如蒙脱土等）作主体，通过气相或液相吸附，在无机物层间嵌入有机单体，再经引发聚合形成聚合物/无机物复合物。层状无机物的每层厚度和层间距都在纳米级，而单体聚合形成的大分子链的尺寸远大于层间距，这样一来，无机物的层状结构就被剥离成纳米级的片层，因此就能够均匀分散在聚合物的基体中。

本实验将 Zieglar-Natta 催化剂负载在蒙脱土片层的表面上，蒙脱土片层表面事先经十六至十八烷基季铵盐修饰，以增加与有机单体的亲和性，使丙烯分子能够在蒙脱土片层之间进行配位聚合，得到聚丙烯/蒙脱土纳米复合材料。

三、仪器与药品

1. 仪器

名称	规格	数量	用途
三口烧瓶	250mL	1	反应容器
两口烧瓶	100mL	1	反应容器
四口烧瓶	250mL	1	反应容器
滴液漏斗	50mL	1	滴加液体
温度计	0~200℃	1	测量反应温度
电动搅拌器	—	1	搅拌
球磨机	—	1	研磨样品
恒温水浴锅	—	1	加热

2. 药品

化学结构式/分子式	中英文名称与 CAS 号	物理与化学性质
$MgCl_2$	氯化镁 magnesium chloride 7786-30-3	摩尔质量：95.21g/mol 溶解性：溶于水、醇 熔/沸点：714℃/1412℃

续表

化学结构式/分子式	中英文名称与 CAS 号	物理与化学性质
(结构式)	庚烷 heptane 142-82-5	摩尔质量:100.20g/mol 溶解性:不溶于水,溶于乙醇、四氯化碳,可混溶于乙醚、氯仿、丙酮、苯 熔/沸点:-91℃/(98.8±3.0)℃
$TiCl_4$	四氯化钛 titanium tetrachloride 7550-45-0	摩尔质量:189.68g/mol 溶解性:溶于冷水、乙醇、稀盐酸 熔/沸点:-25℃/135~136℃
(结构式)	甲苯 toluene 108-88-3	摩尔质量:92.14g/mol 溶解性:不溶于水,可混溶于苯、醇、乙醚、氯仿等有机溶剂 熔/沸点:-94.9℃/110.6℃
(结构式)	三乙基铝 triethylaluminum 97-93-8	摩尔质量:114.17g/mol 溶解性:溶于苯,混溶于饱和烃类 熔/沸点:-50℃/194℃
$Al_2O_9Si_3$	蒙脱土(40~70μm) montmorillonite 1318-93-0	摩尔质量:282.21g/mol 溶解性:微溶于苯、丙酮、乙醚等有机溶剂,不溶于水 熔点:>300℃
$(C_{16}H_{33})(C_7H_7)$ $(CH_3)_2N^+ \cdot Br^-$	正十六烷基季铵盐 cetylbenzyldimethylmm onium bromide 3529-04-2	摩尔质量:360.652g/mol 溶解性:溶于水 熔点:68~70℃
(结构式)	丙烯(钢瓶装) propylene 115-07-1	摩尔质量:42.08g/mol 溶解性:微溶于水,溶于乙醇、乙醚 熔/沸点:-185℃/-47.7℃

四、实验步骤

1. 有机蒙脱土的制备

在如图 4.3 所示的反应装置中,加入 140mL 蒸馏水,剧烈搅拌下加入 7.5g 钠-蒙脱土,形成均匀的分散液,然后滴加正十六烷基季铵盐的水溶液 30mL(含 4.5g 季铵盐),在 80℃下搅拌 1h 后抽滤,过量的季铵盐可用水洗除去(多次洗涤至加入 $AgNO_3$ 溶液不再有白色沉淀生成),将滤饼置于真空干燥箱,干燥至恒重,研磨成 40~60μm 的粉末,即可得有机蒙脱土。

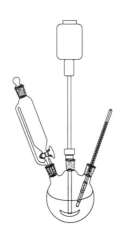

图 4.3 有机蒙脱土制备的反应装置示意图

2. 有机蒙脱土活化

将 4.5g 有机蒙脱土在 100℃下真空干燥 10h，与 1.5g $MgCl_2$ 一起经球磨机研磨 24h，然后与 15mL 甲苯均匀混合成浆状物。称取 3g 浆状物加入两口烧瓶中（两口烧瓶带冷凝管、滴液漏斗），滴加 15mL $TiCl_4$，100℃下反应 2h。用庚烷洗涤反应物 4 次以上，真空干燥得蒙脱土/$MgCl_2$/$TiCl_4$ 催化剂（活性蒙脱土）。可用等离子体发射光谱测定活性蒙脱土中 Ti 和 Mg 的含量。

3. 丙烯的插层聚合

插层聚合反应装置如图 4.4 所示。四口烧瓶（250mL）在加热烘烤下抽真空 30min，用高纯 N_2 置换 3 次，然后通入丙烯置换体系中的 N_2 并保持略高于 101kPa 的压力。用注射器将 150mL 庚烷、0.3g 三乙基铝（事先配成庚烷溶液）注入反应器，在 N_2 保护下称取 0.6g 活性蒙脱土加入反应体系后，开动搅拌，在 80℃下反应 2h，反应通过加入 3mL 甲醇终止，过滤，滤饼用乙醇洗涤，置于真空干燥箱进行干燥，即可得到聚丙烯/蒙脱土纳米复合材料。

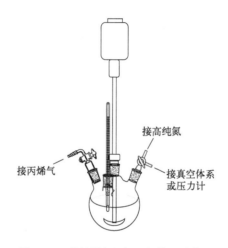

图 4.4　丙烯插层聚合反应装置示意图

4. 产物表征

用 X 射线衍射仪分别测定有机蒙脱土及聚丙烯/蒙脱土复合材料的广角 X 射线衍射图谱，观察插层聚合前后有机蒙脱土在 $2\theta = 4.58°$ 处的层状结构（001）面的特征衍射峰的变化。

五、思考题

查阅文献，简要描述制备有机/无机纳米复合材料的常用方法有哪些？

六、知识拓展

聚合物/无机纳米杂化材料是一类由有机高分子基体和无机纳米粒子组成的杂化材料[1-3]。由于纳米效应，聚合物的物理和机械性能在加入很少量纳米填料后得到大幅度提高，尤其是具有大长径比的纳米粒子。这种杂化材料突出的性能主要表现在较好的阻燃性、气体阻隔性、尺寸稳定性、机械性能以及较高的热变形温度[4-6]。这种显著的杂化性能可能来源于两组分的协同性。

聚丙烯是一种应用广泛的通用聚合物，但由于其主链上无极性基团而很难与蒙脱土相容，即使用有机蒙脱土也难以实现纳米尺寸的分散[7,8]。为了能使蒙脱土均匀地分散于基体中，对聚丙烯纳米杂化材料的制备主要可采用以下两种方法：①使用大分子相容剂先和有机蒙脱土共混，再与聚丙烯共混，如果使用的相容剂与聚丙烯相容好，则蒙脱土可产生剥离，形成纳米片层而均匀地分散于聚丙烯中；②将 $TiCl_3$ 或茂金属化合物负载于有机蒙脱土上，然后催化丙烯聚合，从而也可使蒙脱土呈纳米尺寸分散于聚丙烯基体中。

七、参考文献

[1] Cao F M，Bai P L，Li H C，et al. Preparation of polyethersulfone-organophilic montmorillonite hybrid particles for the removal of bisphenol A. Journal of Hazardous Materials，2009，162（2-3）：791-798.

[2] Dasler D，Schäfer R A，Minameyer M B，et al. Direct covalent coupling of porphyrins to graphene. Journal of the American Chemical Society，2017，139（34）：11760-11765.

[3] Shahzad A，Ali J，Ifthikar J，et al. Non-radical PMS activation by the nanohybrid material with periodic confinement of reduced graphene oxide（rGO）and Cu hydroxides. Journal of Hazardous Materials，2020，392：122316.

[4] Omachi H，Inoue T，Hatao S，et al. Concise，single-step synthesis of sulfur-enriched graphene：Immobilization of molecular clusters and battery applications. Angewandte Chemie（International ed. in English）：2020，59（20）：7836-7841.

[5] Kaur H，Kumar M，Bhalla V. A photocatalytic ensemble HP-T@Au-Fe_3O_4：Synergistic and balanced operation in Kumada and Heck coupling reactions. Green Chemistry，2020，22：8036-8045.

[6] Li Z，Hu J，Yang L，et al. Integrated POSS-dendrimer nanohybrid materials：Current status and future perspective. Nanoscale，2020，12：11395-11415.

[7] Lin I M，Hsu C C，Yu T C，et al. Propagatable hierarchical architectures from dispersive fragments to periodic nanosheets within phase-separated nanostructures by controlling guest-host interaction. Macromolecules，2022，55（20）：9048-9056.

[8] Ghasemlou M，Daver F，Ivanova E P，et al. Use of synergistic interactions to fabricate transparent and mechanically robust nanohybrids based on starch，non-isocyanate polyurethanes，and cellulose nanocrystals. ACS Applied Materials and Interfaces，2020，12（42）：47865-47878.

实验三 金属钯-炔复合物的合成及异腈单体的聚合

一、实验目的
1. 掌握金属钯-炔复合物的合成方法及异腈配位聚合的原理。
2. 掌握柱色谱分离的操作,以及采用现代分析测试技术表征样品的物理性质。
3. 了解手性螺旋聚异腈在手性分离及手性识别等领域的应用,培养从事产品研发、工艺设计等方面的能力,提高独立分析能力和创新能力。

二、实验原理
异腈单体的自聚是异腈单组分聚合的典型反应。异腈自聚的驱动力在于异腈碳在过渡金属的催化下由不稳定的二价通过碳碳相连的方式转变为稳定的四价,从而实现链增长。

经过几十年的研究,用于制备聚异腈的聚合催化体系越来越丰富和成熟,如镍、铑的复合物以及双金属钯-铂复合物等。其中,镍催化剂被认为可以实现异腈单体的活性聚合,而铑催化剂则需加入特定的配体才能实现异腈的活性聚合。聚异腈制备技术的成熟也为功能化聚异腈的研究提供了强有力的保障。一种制备过程简单、能在空气中稳定的金属钯-炔复合物 **1** 能催化异腈单体的活性聚合,并具有良好的立体选择性。此外,用该催化体系制备的聚合物含有活性末端,因而可实现不同异腈单体的共聚。

金属钯-炔复合物的合成反应方程式如下:

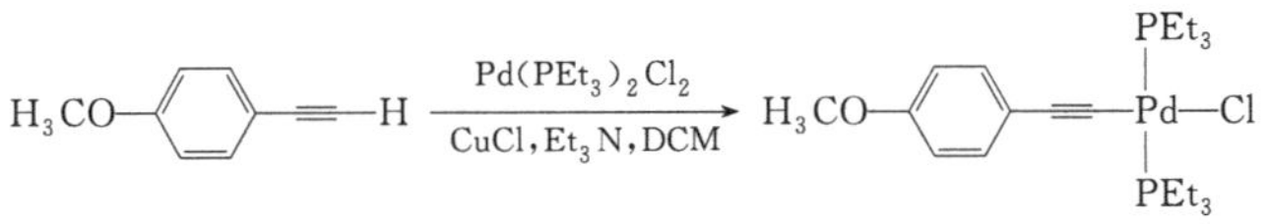

$$H_3CO-C_6H_4-C\equiv C-H \xrightarrow[CuCl, Et_3N, DCM]{Pd(PEt_3)_2Cl_2} H_3CO-C_6H_4-C\equiv C-\underset{PEt_3}{\overset{PEt_3}{Pd}}-Cl$$

$$\mathbf{1}$$

异腈单体 **2** 聚合反应方程式如下:

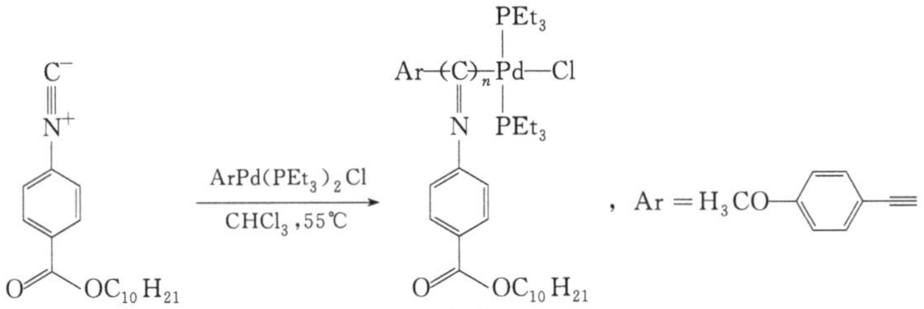

<!-- 聚合反应方程式: 异腈单体 2 在 ArPd(PEt_3)_2Cl 催化下, CHCl_3, 55°C 聚合得到 poly-2_{100}, Ar = $H_3CO-C_6H_4-C\equiv C-$ -->

三、仪器与药品
1. 仪器

名称	规格	数量	用途
两口烧瓶	50mL	1	反应容器
聚合瓶	10mL	1	反应容器
微量进样器	200μL	1	滴加液体
磁力搅拌器(带加热)	—	1	搅拌加热

续表

名称	规格	数量	用途
磁力搅拌子	5mm	1	搅拌反应液
磁力搅拌子	10mm	1	搅拌反应液
凝胶渗透色谱仪	Waters 1515	1	测定聚合物分子量

2. 药品

化学结构式/分子式	中英文名称与CAS号	物理与化学性质
(结构式：对甲氧基苯乙炔)	4-甲氧基苯乙炔 4-methoxyphenylene 768-60-5	摩尔质量:132.16g/mol 溶解性:易溶于四氢呋喃、氯仿等有机溶剂 熔/沸点:28～29℃/(194.8±23.0)℃
(结构式：双(三乙基膦)二氯化钯)	双(三乙基膦)二氯化钯 dichlorobis(triethylphosphine) palladium(Ⅱ) 28425-04-9	摩尔质量:413.64g/mol 溶解性:不溶于水,可溶于氯仿、甲苯、苯 熔点:139～142℃
CuCl	氯化亚铜 copper(Ⅰ)chloride 7758-89-6	摩尔质量:99.01g/mol 溶解性:难溶于冷水,不溶于乙醇 熔点:430℃
(结构式：4-异氰基苯甲酸癸酯)	4-异氰基苯甲酸癸酯 decyl 4-isocyanobenzoate 1251088-76-2	摩尔质量:287.40g/mol 溶解性:易溶于四氢呋喃、氯仿、乙酸乙酯等有机溶剂 熔点:115℃
(结构式：三乙胺)	三乙胺 triethylamine 121-44-8	摩尔质量:101.19g/mol 溶解性:微溶于水,溶于乙醇、乙醚、丙酮等有机溶剂 熔/沸点:-115℃/(90.5±8.0)℃
CH_2Cl_2	二氯甲烷 dichloromethane 75-09-2	摩尔质量:84.93g/mol 溶解性:微溶于水,溶于乙醇、乙醚等有机溶剂 熔/沸点:-97℃/39.8℃
$CHCl_3$	氯仿 chloroform 67-66-3	摩尔质量:119.38g/mol 溶解性:不溶于水,溶于乙醇、乙醚等有机溶剂 熔/沸点:-63.5℃/61.2℃
—	石油醚 petroleum ether 8032-32-4	摩尔质量:78.112～100.2g/mol 溶解性:不溶于水,溶于无水乙醇、苯、氯仿、油类、乙醚等有机溶剂 熔/沸点:-40℃/60～90℃
$CH_3COOC_2H_5$	乙酸乙酯 ethylacetate 141-78-6	摩尔质量:88.10g/mol 溶解性:微溶于水,溶于乙醇、丙酮、乙醚、氯仿、苯等有机溶剂 熔/沸点:-84℃/(73.9±3.0)℃
CH_3OH	甲醇 methanol 67-56-1	摩尔质量:32.04g/mol 溶解性:溶于水,可混溶于醇类、乙醚等有机溶剂 熔/沸点:-98℃/(48.1±3.0)℃

四、实验步骤

1. 金属钯-炔复合物 1 的合成

反应装置如图 4.5 所示，分别称取 0.50g（1.21mmol）双（三乙基膦）二氯化钯和 6.00mg（0.06mmol）CuCl 放入 50mL 两口烧瓶中，将反应体系置换为 N_2 氛围，用锡箔纸将瓶体包裹，避光处理。N_2 氛围下用注射器将 5mL 重蒸三乙胺和 5mL 重蒸二氯甲烷注入两口烧瓶中，称取 0.16g（1.21mmol）4-甲氧基苯乙炔，用 1mL 重蒸二氯甲烷将其溶解后注入上述两口烧瓶，室温搅拌反应。用薄层色谱（TLC）跟踪反应进程，约 10h 后原料反应完全，停止反应。将反应混合液抽滤，收集滤液，将滤液进行减压浓缩，得到的粗产物用柱色谱进行分离提纯（洗脱剂为石油醚/乙酸乙酯，体积比为 8:1），再将产物进行重结晶（石油醚/乙酸乙酯体系），抽滤得到白色针状晶体 **1**，称重（约 0.5g），计算产率（约 82%）。

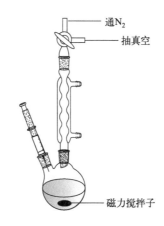

图 4.5 合成钯-炔催化剂的反应装置图

2. 钯-炔复合物引发异腈单体 2 聚合

称取 344mg（1.2mmol）异腈单体 **2** 放入干燥的 10mL 聚合瓶中，先将反应体系置换成 N_2 氛围，在通 N_2 条件下用注射器加入 0.4mL 重蒸 $CHCl_3$，另称取 609mg 钯-炔复合物 **1**，将其溶于 0.2mL 重蒸二氯甲烷，在氮气氛围下加入聚合瓶。将聚合瓶置于 55℃ 油浴锅反应，使用 TLC 跟踪反应进程，约 6h 后反应完全，反应混合液中倒入大量甲醇，析出大量固体后离心分离，真空干燥后得黄色固体聚合物 poly-2_{100}（下标表示起始时单体和引发剂的比值），称重（约 0.9g），计算产率（约 90%）。

3. 聚合物结构表征

使用凝胶渗透色谱测定聚合物 poly-2_{100} 的分子量及分子量分布，并用核磁共振氢谱验证其化学结构。

五、思考题

1. 合成钯-炔复合物时要注意哪些问题？
2. 查阅资料，简述凝胶渗透色谱测定聚合物分子量及分子量分布的原理。

六、知识拓展

螺旋是自然界及人类社会中普遍存在的结构，大到宏观世界的海螺背部的螺旋、植物茎须的螺旋缠绕结构，小到微观世界的蛋白质分子、进行生命活动的 DNA 和 RNA 及多肽等均具有螺旋结构。天然螺旋大分子的发现，开启了人们对螺旋大分子研究的新篇章。在 20 世纪 50 年代，Pauling 发现了生物螺旋大分子蛋白质右手 α-螺旋结构[1]。紧接着，Watson 和 Crick[2] 也开展了对 DNA 的右手双螺旋结构的研究，他们的这一发现是生物学及螺旋聚合物研究发展史上的一个里程碑，他们共同获得 1962 年的诺贝尔生理学或医学奖。鉴于天然螺旋高分子在生命活动的独特作用，越来越多的化学工作者致力于研究人工合成的螺旋高分子。

聚异腈作为众多手性螺旋聚合物的一种，因其稳定的刚性主链螺旋结构，近年来备受众多科研工作者的广泛关注。螺旋聚异腈主链提供的手性环境使得它们在手性分离[3,4]、分子识别[5,6]、不对称催化[7]、液晶显示材料[8]、非线性光学材料[9] 等领域都有广泛的应用。

七、参考文献

[1] Pauling L, Corey R B, Branson H R. The structure of proteins: Two hydrogen-bonded helical configurations of the polypeptide chain. Proceedings of the National Academy of Sciences of the United States of America, 1951, 37 (4): 205-211.

[2] Watson J D, Crick F H C. Molecular structure of nucleic acids: A structure for deoxyribose nucleic acid. Nature, 1953, 171: 737-738.

[3] Yang L, Tang Y, Liu N, et al. Synthesis of hyperbranched aromatic homo-and vopolyesters via the slow monomer addition method. Macromolecules, 2016, 49 (20): 7692-7698.

[4] Zhang C H, Wang H L, Geng Q Q, et al. Synthesis of helical poly (phenylacetylene)s with amide linkage bearing *l*-phenylalanine and *l*-phenylglycine ethyl ester pendants and their applications as chiral stationary phases for HPLC. Macromolecules, 2013, 46 (21): 8406-8415.

[5] Liu N, Ma C H, Sun R W, et al. Facile synthesis and chiral recognition of block and star copolymers containing stereoregular helical poly (phenyl isocyanide) and polyethylene glycol blocks. Polymer Chemistry, 2017, 8 (14): 2152-2163.

[6] Huang H J, Yuan Y B, Deng J P. Helix-sense-selective precipitation polymerization of achiral monomer for preparing optically active helical polymer particles. Macromolecules, 2015, 48 (11): 3406-3413.

[7] Megens R P, Roelfes G. Asymmetric catalysis with helical polymers. Chemistry-A Europe Journal, 2011, 17 (31): 8514-8523.

[8] Akagi K. Helical polyacetylene: Asymmetric polymerization in a chiral liquid-crystal field. Chemical Reviews, 2009, 109 (11): 5354-5401.

[9] Cheerla R, Krishnan M. Molecular origins of polymer-coupled helical motion of ions in a crystalline polymer electrolyte. Macromolecules, 2016, 49 (2): 700-707.

实验四 负载型茂金属催化剂的制备及其催化乙烯聚合性能的研究

一、实验目的
1. 掌握用蒙脱土负载茂金属催化剂的方法及茂金属催化剂配位聚合乙烯的原理。
2. 掌握用现代分析测试技术表征样品的物理性质。
3. 了解手性茂金属催化剂的发展及聚乙烯在工业上的应用,培养从事产品研发、工艺设计等方面的能力,提高独立分析能力和创新能力。

二、实验原理
20 世纪 50 年代,人们发现双(环戊二烯)二氯化钛(Cp_2TiCl_2)与烷基铝配合,可组成可溶性引发剂引发烯烃聚合,但活性较低,未能得到实际应用。1980 年,Kaminsky 使用二氯二茂锆(Cp_2ZrCl_2)为主引发剂、甲基铝氧烷(MAO)为共引发剂引发乙烯聚合,聚合活性很高。新型的高活性茂金属引发剂从此之后得到了迅速发展。

茂金属(metallocenen)引发剂是有机金属络合物的一种,一般由三部分组成:五元环的环戊二烯基类(简称茂)、ⅣB 族过渡金属、非茂配体。茂金属催化剂主要有三种结构:普通结构、桥链结构、限定几何构型配位体结构。如图 4.6 所示。

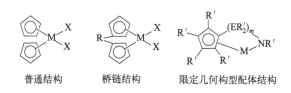

普通结构　　桥链结构　　限定几何构型配体结构

图 4.6 茂金属引发剂的三种结构

茂金属引发剂单独使用以引发烯烃聚合时,活性非常小,其活性的提高通常通过加入共引发剂甲基铝氧烷(MAO)来实现。MAO 由三甲基铝水解而获得,呈线形或环状结构。为了防止引发剂双分子失活,MAO 通常大大过量,以充分包围茂金属原子。茂金属催化剂负载之后,则具有了非均相引发剂的优点:聚合结束后,容易从体系中分离出来,降低了 Al 与 M 的比例,引发剂的稳定性得到了提高。载体的种类很多,常用的多为一些无机氧化物,如 SiO_2、Al_2O_3 等。蒙脱土(MT)是一种层状硅酸盐(2∶1 型),每个单位晶胞中有两个硅氧四面体,在它们中间夹带一层八面体,它们之间由共同氧原子连接起来。这种四面体与八面体紧密堆积结构的晶格排序高度有序,并且刚度较高,层与层之间不容易发生滑移,是一种新型的多孔催化材料。使用 MT 作载体,负载的茂金属催化剂催化乙烯聚合时可以大大降低所需的 MAO 的用量。

茂金属引发聚合机理与 Ziegler-Natta 体系相似,即烯烃单体分子与过渡金属配位,在增长链段与金属之间插入而增长。

三、仪器与药品
1. 仪器

名称	规格	数量	用途
三口烧瓶	250mL	1	反应容器
磁力搅拌器（带加热）	—	1	搅拌加热反应液
磁力搅拌子	10mm	1	搅拌反应液
浸渍槽	—	1	反应容器

2. 药品

化学结构式/分子式	中英文名称与 CAS 号	物理与化学性质
Cl—Zr—Cl (二茂锆结构)	二氯二茂锆 zirconocene dichloride 1291-32-3	摩尔质量：292.32g/mol 溶解性：溶于 THF 和氯仿，微溶于芳烃溶剂和乙醚，不溶于正己烷 熔点：242～245℃
Al-O-Al-O-Al-O	甲基铝氧烷 methylaluminoxane 120144-90-3	摩尔质量：174.05g/mol 溶解性：遇水放出可自燃的易燃气体 沸点：111℃
$Al_2O_9Si_3$	蒙脱土（40～70μm） montmorillonite 1318-93-0	摩尔质量：282.21g/mol 溶解性：微溶于苯、丙酮、乙醚等有机溶剂，不溶于水 熔点：>300℃
(甲苯结构)	甲苯 toluene 108-88-3	摩尔质量：92.14g/mol 溶解性：不溶于水，可混溶于苯、乙醇、乙醚、氯仿等有机溶剂 熔/沸点：-94.9℃/110.6℃
$ZnCl_2$	氯化锌 zinc chloride 7646-85-7	摩尔质量：136.32g/mol 溶解性：易溶于水，溶于甲醇、乙醇、甘油、丙酮、乙醚 熔点：167～172℃
(EDTA结构)	乙二胺四乙酸（EDTA） ethylene diamine tetraacetic acid 60-00-4	摩尔质量：292.24g/mol 溶解性：不溶于乙醇和一般有机溶剂，微溶于冷水，溶于氢氧化钠、碳酸钠和氨的水溶液中 熔/沸点：237～245℃/(614.2±55.0)℃
$CH_2=CH_2$	乙烯（钢瓶装） ethylene 74-85-1	摩尔质量：28.05g/mol 溶解性：不溶于水，微溶于乙醇，溶于乙醚、丙酮、苯 熔/沸点：-169℃/-104℃
N_2	氮气（钢瓶装） nitrogen 7727-37-9	摩尔质量：28.01g/mol 溶解性：微溶于水 熔/沸点：-210℃/-196℃

四、实验步骤

1. 载体催化剂（MT/MAO/Cp_2ZrCl_2）的制备

将浸渍槽用 N_2 置换后加入 6.6g MT、24mL MAO/甲苯溶液（含 Al 2.8mol/L）及 76mL 甲苯，50℃下剧烈搅拌 2h，用甲苯洗涤 3 次（每次用 180mL），50℃下真空干燥 6h。称取 310mg Cp_2ZrCl_2 配成 50mL 甲苯溶液，搅拌下加入 MAO 处理后的 MT，60℃下剧烈搅拌 6h，用甲苯洗涤 5 次（每次用 150mL），60℃下真空干燥。所有操作均在 N_2 气氛下进行。

2. 乙烯聚合

将250mL三口烧瓶事先装上搅拌装置,将其置于恒温槽,用N_2置换2~3次。用电磁阀控制反应瓶内乙烯压力为1.06×10^5Pa,依次加入120mL甲苯、MAO以及催化剂干粉,反应结束后,用0.1%的盐酸/乙醇溶液(200mL)猝灭反应,产物用乙醇洗涤后真空干燥。

3. 催化剂及聚合物的表征

载体催化剂载锆量用偶氮胂(Ⅱ)法,通过分光光度计测定。铝含量用EDTA/$ZnCl_2$返滴定法测定。聚合物分子量用凝胶渗透色谱(GPC)测定。

五、思考题

1. 将二氯二茂锆配合物负载之后,催化剂的活性发生什么变化?解释其原因。
2. 对于得到的聚合物分子量的表征,能否用常温GPC进行测试?为什么?

六、知识拓展

20世纪80年代初诞生的茂金属烯烃聚合催化剂及其聚合物经过40多年的发展,已经应用于烯烃聚合的各个领域,先后在全球发达国家实现了产业化[1,2]。就茂金属烯烃聚合物的总体发展而言,1991年埃克森美孚公司首次使用茂金属催化剂生产线形低密度聚乙烯(LLDPE),标志着茂金属催化的烯烃聚合产物开始进入工业化的量产阶段。茂金属催化剂的诞生、发展及工业应用是聚烯烃产业发展过程中具有重大里程碑意义的事件[3,4]。催化剂的性能决定着聚合物的微观结构,聚合物的微观结构又影响着聚合物的宏观性能。茂金属催化剂的应用可获得许多性能独特的产品,例如超低密度聚乙烯、窄分子量分布聚乙烯蜡、间规聚丙烯(sPP)、间规聚苯乙烯(sPS)、乙烯与长链α-烯烃的共聚物(POE)、乙烯与环烯烃的共聚物(COC、COP)等,这些具有特殊结构及性能的聚烯烃又给人们的生产与生活带来了许多便利及变化[4-8]。

七、参考文献

[1] 陶鑫. 新型茂金属催化剂的合成、表征及催化烯烃聚合性质研究. 长春:吉林大学,2014.

[2] Jordan A M, Kim K, Soetrisno D, et al. Role of crystallization on polyolefin interfaces: An improved outlook for polyolefin blends. Macromolecules, 2018, 51 (7): 2506-2516.

[3] Baier M, Zuideveld M A, Mecking S. Post-metallocenes in the industrial production of polyolefins. Angewandte Chemie International Edition, 2014, 53 (37): 9722-9744.

[4] Hejazi-Dehaghani Z-A, Arabi H, Thalheim D, et al. Organic versus inorganic supports for metallocenes: The influence of rigidity on the homogeneity of the polyolefin microstructure and properties. Macromolecules, 2021, 54 (6): 2667-2680.

[5] Mehdiabadi S, Lhost O, Vantomme A, et al. Ethylene polymerization kinetics and microstructure of polyethylenes made with supported metallocene catalysts. Industrial & Engineering Chemistry Research, 2021, 60 (27): 9739-9754.

[6] Wang Y, Qin Y, Dong J Y. Trouble-free combination of ω-alkenylmethyldichlorosilane copolymerization-hydrolysis chemistry and metallocene catalyst system for highly effective and efficient direct synthesis of long-chain-branched polypropylene. Polymer, 2022, 259 (27): 125327.

[7] Zhang K, Liu P, Wang W J, et al. Preparation of comb-shaped polyolefin elastomers having ethylene/1-octene copolymer backbone and long chain polyethylene branches via a tandem metallocene catalyst system. Macromolecules, 2018, 51 (21): 8790-8799.

[8] Pei X, Li Y, Zhao S, et al. Viscoelasticity, tensile properties, and microstructure development in cyclic olefin copolymer/polyolefin elastomer blends. Macromolecular Chemistry and Physics, 2022, 223 (11): 2200018.

实验五　非均相 Ziegler-Natta 催化剂催化丁二烯-异戊二烯共聚合

一、实验目的
1. 掌握 Ziegler-Natta 催化剂配位聚合二烯烃的原理及无水无氧操作方法。
2. 掌握用现代分析测试技术表征样品的物理性质。
3. 了解非均相 Ziegler-Natta 催化剂的发展及丁二烯-异戊二烯共聚物在工业上的应用，培养从事产品研发、工艺设计等方面的能力，提高独立分析能力和创新能力。

二、实验原理
自从 20 世纪 50 年代 Ziegler 和 Natta 发现 Ziegler-Natta 催化剂以来，非均相 $TiCl_4/MgCl_2$-AlR_3 型 Ziegler-Natta（非均相 Z-N）催化剂已成为聚烯烃工业的高效多功能催化剂。非均相 Z-N 催化剂也是共轭二烯烃单体高反式-1,4-定向聚合的催化剂。

以丁二烯为例，Ziegler-Natta 体系引发丁二烯单体聚合时，可用单体-金属的配位来解释其定向机理，一般认为：单体加成的类型、聚合物的微结构都受到单体和过渡金属（Mt）空 d 轨道配位方式的影响。如果丁二烯单体以两个双键和过渡金属进行顺式配位（双座配位），则采用 1,4-插入得到的聚合物为顺-1,4-聚丁二烯；如果丁二烯单体只以一个双键与过渡金属进行单座配位，则单体倾向于采用反式的构型，这种情况下，采用 1,4-插入得到的聚合物为反-1,4-聚丁二烯、1,2-插入得到的聚合物为反-1,2-聚丁二烯。

单座或双座配位的选择与两种因素有关：

① 中心金属配位座间的距离。适于(S)-顺式的中心金属配位座间的距离约为 28.7nm，为双座配体；适于(S)-反式的距离约为 34.5nm，为单座配体。

② 单体的分子轨道与金属的能级是否接近。金属和配体电负性同时影响金属轨道的能级，电负性强的配体与电负性强的金属配合，才可获得顺-1,4-聚丁二烯。

三、仪器与药品
1. 仪器

名称	规格	数量	用途
圆底烧瓶	250mL	1	反应容器
磁力搅拌器（带加热）	—	1	搅拌加热反应液
磁力搅拌子	10mm	1	搅拌反应液

2. 药品

化学结构式/分子式	中英文名称与 CAS 号	物理与化学性质
$TiCl_4$	四氯化钛 titanium tetrachloride 7550-45-0	摩尔质量：189.68g/mol 溶解性：溶于冷水、乙醇、稀盐酸 熔/沸点：−25℃/135～136℃
$MgCl_2$	氯化镁 magnesium chloride 7786-30-3	摩尔质量：95.21g/mol 溶解性：溶于水、醇 熔点：714℃

化学结构式/分子式	中英文名称与CAS号	物理与化学性质
![Al structure]	三乙基铝 triethylaluminum 97-93-8	摩尔质量:114.17g/mol 溶解性:溶于苯,混溶于饱和烃类 熔/沸点:−50℃/194℃
![isoprene]	异戊二烯 isoprene 78-79-5	摩尔质量:68.12g/mol 溶解性:不溶于水,溶于乙醇、乙醚等有机溶剂 熔/沸点:−146℃/34℃
![butadiene]	1,3-丁二烯 1,3-butadiene 106-99-0	摩尔质量:54.09g/mol 溶解性:溶于丙酮、苯、乙酸、酯等有机溶剂 熔/沸点:<−140℃/−5℃
![toluene]	甲苯 toluene 108-88-3	摩尔质量:92.14g/mol 溶解性:不溶于水,可混溶于苯、乙醇、乙醚、氯仿等有机溶剂 熔/沸点:−94.9℃/110.6℃
![benzophenone]	二苯甲酮 benzophenone 119-61-9	摩尔质量:182.22g/mol 溶解性:1g产品溶于7.5mL乙醇、6mL乙醚,溶于氯仿,不溶于水 熔/沸点:47~49℃/305℃
$Na_{12}[(AlO_2)_{12}(SiO_2)_{12}] \cdot xH_2O$	分子筛 4Å molecular sieves,4Å 70955-01-0	摩尔质量:1704.65g/mol 溶解性:溶于强酸和强碱,不溶于水及有机溶剂
![TPCC]	2-噻吩甲酰氯 2-thiophenecarbonyl chloride 5271-67-0	摩尔质量:146.59g/mol 溶解性:溶于氯仿 沸点:(201.8±13.0)℃
HCl	浓盐酸 hydrochloric acid 7647-01-0	摩尔质量:36.47g/mol 溶解性:溶于水 熔/沸点:−27.32℃/48℃
C_2H_5OH	乙醇 ethanol 64-17-5	摩尔质量:46.07g/mol 溶解性:与水混溶,可混溶于乙醚、氯仿、甘油、甲醇等有机溶剂 熔/沸点:−114℃/(72.6±3.0)℃

四、实验步骤

1. 单体及溶剂的精制

异戊二烯(Ip):聚合级异戊二烯通过减压蒸馏提纯。

丁二烯(Bd):聚合级丁二烯事先经缓慢气化冷凝精制,并用分子筛除水2d以上。

甲苯:分析纯甲苯经钠回流精制,以二苯甲酮为指示剂,精制至指示剂呈蓝紫色,使用前收集备用。

2-噻吩甲酰氯(TPCC,98%):经减压蒸馏精制,并用甲苯稀释。

2. 聚合反应

将干燥的250mL圆底烧瓶置换成氮气氛围,装置如图4.7所示。搅拌下,依次向烧瓶中加入丁二烯/异戊二烯(物质的量之比为0.5∶99.5)混合单体(M)、甲苯(单体与甲苯质量比为15∶85)、三乙基铝和$TiCl_4/MgCl_2$催化剂,将反应瓶置于50℃下反应60min后,向烧瓶中加入猝灭剂TPCC[$n(TPCC)/n(Al)=3$],于50℃下搅拌5min,再加入盐酸-乙醇溶液 40mL（浓盐酸体积分数为 2%，含有质量分数为 1% 的防老化剂 2,6-二叔丁基-4-甲基苯酚），将聚合物析出，离心分离的聚合物用大量乙醇洗涤，并置于真空干燥箱中，45℃下干燥至恒重，低温保存。

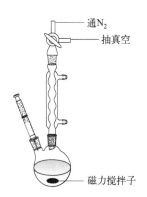

图 4.7　丁二烯-异戊二烯聚合反应装置图

3. 聚合物表征

采用核磁共振氢谱（^{1}H NMR）表征共聚物的组成［溶剂为 $CDCl_3$，基准物为四甲基硅烷（TMS）］，共聚物的分子量及分子量分布用凝胶渗透色谱仪测定［流动相为四氢呋喃（THF），流速为 1.0mL/min，温度为 40℃，用聚苯乙烯标定］。

五、思考题

1. 简要说明如何根据核磁氢谱分析共聚物中两种组分的相对含量。
2. 该实验中所用的溶剂甲苯为何要进行精制处理？

六、知识拓展

由丁二烯（Bd）和异戊二烯（Ip）均聚分别得到的顺丁胶（BR）和异戊胶（IR）是合成橡胶中的第二、第三大胶种[1]。近年来随着科学技术的进步、社会经济的发展，对橡胶材料品种和性能的要求不断提高，由 Bd 和 Ip 单体共聚合成的高反式丁二烯-异戊二烯共聚橡胶（TBIR）因具有的独特性能，引起了人们的广泛关注[2]。TBIR 作为一种新型弹性体材料，为橡胶原料的改性提供了一种新的手段。

TBIR 的化学组成与天然橡胶（NR）相同，但分子链中的双键结构为反式结构，每个链单元上 2 个亚甲基位于双键间轴方向的异侧，致使 TBIR 的长链分子具有良好的柔顺性，易于有序聚集而结晶。TBIR 作为多嵌段共聚物，分子链中由于引入了反-1,4-聚丁二烯（TPI）结构单元，Ip 大分子主链结构规整性被破坏，因此 TBIR 是具有一定结晶性能的橡胶材料[3,4]。TBIR 作为新一代合成橡胶，具有高度的规则性和足够的结晶度，有利于设计高性能材料，结晶 TBIR 在增强常规非晶橡胶材料中起着至关重要的作用，而 TBIR 的大量非晶区域可以保证材料具有足够的弹性[5,6]。另外，添加 TBIR 的复合材料的填料分散性显著提高，并且 TBIR 链中的 TPI 嵌段残留的结晶薄片原纤维能够通过化学交联进一步连接，可以对硫化胶性能产生积极的影响[7,8]。

七、参考文献

[1] 张保生，吕秀凤，李斌，等. 我国反式-1,4-聚异戊二烯的研究与应用进展. 合成橡胶工业，2019，42（6）：

492-495.

[2] 王浩，张剑平，王日国，等. 天然橡胶/高反式-1,4-丁二烯-异戊二烯共聚橡胶并用胶的性能研究. 橡胶工业，2018（2）：167-172.

[3] Wang H，Wang R G，Ma Y S，et al. The influence of trans-1,4-poly（butadiene-co-isoprene）copolymer rubbers（TBIR）with different molecular weights on the NR/TBIR blends. Chinese Journal of Polymer Science，2019，37：966-973.

[4] Zhang C，Wang R，He A. In-situ preparation of TBIR/CB nanocomposites and its regulation in structure and properties of NR based composites. Polymer，2022，254：125086.

[5] Sadeghi S，Taghizadeh H. Microstructural modeling of achilles tendon biomechanics focusing on bone insertion site. Medical Engineering & Physics，2020，78：48-54.

[6] Temmoku J，Asano T，Saito K，et al. Effect of a multitarget therapy with prednisolone, mycophenolate mofetil, and tacrolimus in a patient with type B insulin resistance syndrome complicated by lupus nephritis. Modern Rheumatology Case Reports，2022，6（1）：41-46.

[7] Zhou Z，Zhang L. Content-based image retrieval using iterative search. Neural Processing Letters，2018，47：907-919.

[8] Wen M，Wang S，Zhang X，et al. Constructions of special network structure in natural rubber composites for improved anti-fatigue resistance. Composites Science and Technology，2022，227：109572.

实验六 基于前端开环易位聚合快速制备弹性体和具有多级形状记忆功能的梯度材料

一、实验目的

1. 理解开环易位聚合及前端开环易位聚合的原理,并掌握通过前端开环易位聚合直接制备高分子材料的方法。

2. 掌握弹性体及梯度材料制备的实验操作,加深对高分子材料结构与性能关系的理解。

3. 了解形状记忆材料的应用,培养实验设计和操作等方面的能力,提高独立分析问题能力和创新能力。

二、实验原理

1,4-丁二烯的阴离子聚合及其弹性体的制备是一个条件苛刻、多步骤、高能耗的过程。聚丁二烯橡胶通常由丁二烯单体通过阴离子聚合制备,然后经过溶剂去除(如蒸汽汽提)、脱水和干燥等过程;且在后续加工步骤(复合、成型和硫化)中需要较大的机械力和高温条件。聚(1,4-丁二烯)的另一种合成路线是在烯烃复分解催化剂存在下,由1,5-环辛二烯(COD)单体开环聚合所制备。该方法较传统方法相比,具有反应条件温和、易于控制及能耗低等优点。其反应方程式如下:

前端聚合(frontal polymerization,FP)是在无溶剂的条件下快速、高效地制备聚合物及其复合材料的一种新兴技术。在 FP 中,仅需要在聚合反应启动前对反应体系施加一个微小的刺激(通常为热量),而后单体聚合过程所释放的热量自蔓延到未反应的单体上,引发单体持续聚合,即可实现单体向聚合物(材料)的转变。这种聚合方式仅需要极小的能量来启动该过程,之后聚合反应前端持续蔓延直至所有单体反应完全,聚合过程中不需要能量的进一步输入。

基于前端聚合的原理,前端开环易位聚合(FROMP)在 Grubbs 催化剂存在下,可以实现 1,5-环辛二烯(COD)单体在无溶剂的条件下前端聚合,得到聚(1,4-丁二烯)。此外,进一步通过 COD 与双环戊二烯(DCPD)单体的共聚可以方便地制备性能可调的交联共聚物。一方面由于 DCPD 的较高环张力,共聚单体混合物的反应活性增加;另一方面,DCPD 单体中含有环双键,开环(或部分开环)后能够形成交联结构。FROMP 制备的共聚物的交联度随着 DCPD 含量的增加而增加,T_g 也随之增加。通过控制单体组分从而控制所得聚合物的交联密度,进而控制共聚物的 T_g,以实现 FROMP 制备的共聚物的机械性能的调节。

基于上述原理,本实验设计了一种具有多级形状记忆功能的梯度材料,该材料由三层不同比例的 COD 和 CDPD 单体共聚而成,每一层都有不同的玻璃化转变温度。通过在

T_g 上方变形样品,并在冷却至室温的同时保持变形,可以方便地设置各种形状,该形状在室温下可以稳定保持。当再次加热材料的温度到 T_g 以上时,由于梯度材料不同区域的玻璃化转变温度不同,梯度材料不同部分的形状依次恢复。

三、仪器与药品

1. 仪器

名称	规格	数量	用途
西林瓶	20mL	4	反应容器
一次性滴管	1mL	若干	滴加溶剂
微量进样器	10μL	1	催化剂转移
电子天平	—	1	称量药品
长尾夹	25mm	3	固定模具
一次性注射器	3mL	若干	量取反应溶液
电烙铁	100W	1	加热,引发反应
电加热板	500W	1	加热梯度材料

2. 药品

化学结构式/分子式	中英文名称与CAS号	物理与化学性质
(环辛二烯结构)	1,5-环辛二烯(COD) 1,5-cyclooctadiene 111-78-4	摩尔质量:108.18g/mol 溶解性:不溶于水、四氯化碳 熔/沸点:—69.5℃/151℃
(双环戊二烯结构)	双环戊二烯(DCPD) dicyclopentadiene 77-73-6	摩尔质量:132.20g/mol 溶解性:溶于醇、醚和四氯化碳,不溶于水 熔/沸点:—1℃/170℃
(Grubbs催化剂结构)	Grubbs二代催化剂(GC2) grubbs catalyst 2 246047-72-3	摩尔质量:848.97g/mol 溶解性:易溶于有机溶剂,通常在二氯甲烷、苯或者甲苯的溶液中使用 熔点:143~149℃
(亚磷酸三丁酯结构)	亚磷酸三丁酯(TBP) tributyl phosphite 102-85-2	摩尔质量:250.32g/mol 溶解性:不溶于水,溶于多种有机溶剂 熔/沸点:—80℃/268.1℃
(环己基苯结构)	环己基苯(PCH) cyclohexylbenzene 827-52-1	摩尔质量:160.26g/mol 溶解性:不溶于水和甘油,能与乙醇、乙醚、丙酮、苯、四氯化碳等大多数有机溶剂混溶 熔/沸点:5℃/(242.6±7.0)℃

四、实验步骤

1. 聚合单体及催化剂的配制

(1) 取四只西林瓶（样品瓶），编号为 1～4，各称量 10g 的 DCPD，并在 2～4 号瓶中分别加入 3.00g、1.60g、1.00g 的 COD，混合均匀，配制成 COD 体积分数分别为 100%、25%、15%、10% 的 COD/DCPD 混合溶液。

(2) 分别称取 Grubbs 二代催化剂 18.4mg 和 TBP 5.4mg。加入 5.4mg TBP（液体）至 1mL 的 PCH 中，简单混合均匀后将其加入预先称好的 18.4mg 的 Grubbs 二代催化剂中，配制引发剂溶液。

(3) 用微量进样器移取引发剂溶液，分别加入 1～4 号西林瓶中，并充分摇晃使催化剂和聚合单体混合均匀。

2. 开环易位聚合模具的制作

用刀片将 2mm 厚的硅橡胶垫片裁成四周边框为 0.5cm、中空部分为 0.5cm×6cm 和 5cm×6cm 的模具框，上部裁一宽度为 0.5cm 左右的小口用于加料。用两块洁净玻璃板夹住裁好的模具框，并用三只长尾夹固定玻璃板，用于制备尺寸为 0.5cm×6mm 的拉伸样条和 5cm×6cm 的板材。

3. 弹性体的制备

用注射器在 0.5cm×6mm 的模具中沿玻璃壁缓慢注入 1 号西林瓶中的聚合溶液，然后用预先加热好的电烙铁接触模具注入口，以启动前端聚合反应。待反应体系自蔓延之后，移开热源电烙铁，可以发现聚合前端逐渐从模具注入口向底部自蔓延，直至单体完全转化成聚合物。聚合完成后冷却一段时间，取下两块玻璃板及硅橡胶垫片，即可以获得 COD/DCPD 共聚物弹性体样条。可以用手简单拉伸样条，感受所制备弹性体的机械性能及回弹性等。

4. 具有多级形状记忆功能的梯度材料的制备及梯度材料性能测试

用注射器在 5cm×6cm 模具中沿玻璃壁缓慢注入 2 号西林瓶中的聚合溶液至模具 1/3 处，然后用同样的方法依次注入 3、4 号西林瓶中的混合液至模具 2/3 处和注满。用电烙铁启动聚合，也可以发现聚合前端逐渐从模具注入口向底部自蔓延，直至单体完全转化成聚合物。冷却后，取下玻璃板和硅橡胶垫片，即得到相应的梯度材料（图 4.8）。

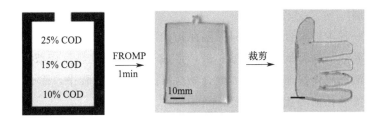

图 4.8 多级形状记忆功能材料的制备流程图

为了更好地展示梯度材料的独特性能，可以设计将板材按照梯度分布裁剪成如图 4.9 所示的"手"形，然后在烘箱中加热至 120℃ 待其完全软化，迅速取出施加外力以弯曲五根手指并固定其临时形状使之冷却。再将其重新放置在电加热板上，可观察到随着电加热板温度的上升，材料的五根手指依次打开，记录材料发生的变化及其对应的温度，如图 4.9 所示。

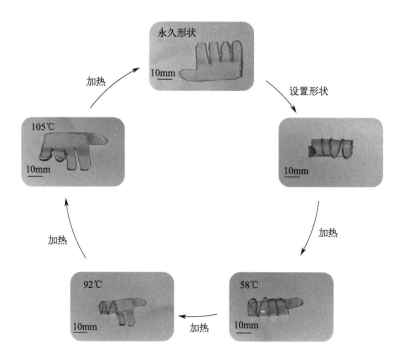

图 4.9　具有多级形状记忆功能的"手"在各阶段形状变化示意图

注意事项：

1. 1,5-环辛二烯应储存于阴凉、通风橱内，远离火种、热源。
2. 双环戊二烯高度易燃，会刺激眼睛、呼吸系统和皮肤，使用时应注意。

五、思考题

1. FROMP 对聚合单体有哪些要求？目前已经报道的可以制备 FROMP 的单体在结构上都有什么特点？
2. 查阅相关资料，了解具有形状记忆功能的材料在哪些场合具有潜在的应用。

六、知识拓展

前端聚合是一种本体聚合方法，只需要在初始阶段对聚合单体局部加热以引发聚合，反应过程中伴随着热量的释放并向周围扩散，形成"自蔓延放热反应波"，持续引发周围单体的聚合，使液态单体快速地转变为聚合物材料。在反应过程中，除引发需要极少量的能量输入外，不需要任何的能量输入。

通过开环易位聚合实现环状单体的前端聚合是拓展前端聚合应用领域的一个重要方向。但是，高张力的环烯烃在 Grubbs 催化剂存在的条件下聚合速度太快，导致聚合体系的储存寿命非常短（数秒到数分钟），极大地限制了环状单体在前端聚合领域的应用。2017 年，美国伊利诺伊大学厄巴纳-香槟分校（UIUC）的 Jeffrey Moore 等人[1] 发现，向聚合体系中加入与催化剂等物质的量的三烷基亚磷酸酯，能够大幅度提高双环戊二烯单体的前端开环易位聚合储存寿命至 30h，这将大大增加前端开环易位聚合的加工窗口。

2018 年，Moore 等人[2] 进一步发现，在室温下，含有三烷基亚磷酸酯的 Grubbs 二代催化剂可以将 DCPD 体系缓慢地从低黏度的液体变为黏弹性的凝胶（实际上是单体已经缓慢地发生了一定程度的聚合）。幸运的是，在抑制剂的存在下，这种聚合只会缓慢地进行，并不会演变为快速地自发聚合，且这种凝胶化并不会影响聚合体系的前端聚合。通过调节抑制剂的浓度，可以实现介于液体和凝胶之间的不同流动性质，但无论如何，体系在高热引发（如150℃）之后，都可以进行快速的前端聚合。图4.10(a) 展示了通过前端易位开环聚合（FROMP），独立的凝胶从单一起始点源向外围扩展逐渐形成聚合物的过程。图4.10(b)～4.10(e)为一系列通过 FROMP 法制备的具有宏观及微观图案的聚双环戊二烯（PDCPD）。通过 FROMP 还可使从3D打印头挤出的溶液快速固化[图4.10(f)]。这一有趣的性质使得材料可以由多种加工方式获得目标结构及图案，例如可以将凝胶剪裁、压印加工得到不同的形状，再进行前端开环易位聚合将形状固定下来，制备具有微观图案及宏观复杂结构的组件[图4.10(g)～4.10(j)]，具有十分广阔的应用前景。

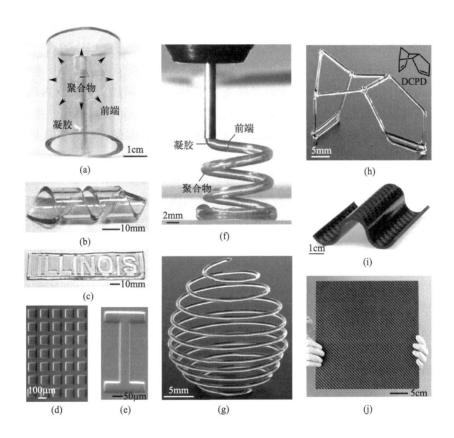

图 4.10　通过 DCPD 的 FROMP 技术制备的聚合物及其复合材料

七、参考文献

[1] Robertson I D, Dean L M, Rudebusch G E, et al. Alkyl phosphite inhibitors for frontal ring-opening metathesis polymerization greatly increase pot life. ACS Macro Letters, 2017, 6 (6): 609-612.

[2] Robertson I D, Yourdkhani M, Centellas P J, et al. Rapid energy-efficient manufacturing of polymers and composites via frontal polymerization. Nature, 2018, 557: 223-227.

第五章

开环聚合

　　环状单体通过多种反应方式，不断地发生开环反应形成线形高聚物的聚合过程称为开环聚合。开环聚合在聚合物合成化学中占有重要地位，与缩聚反应、加聚反应并列为聚合反应的三大类型。能够发生开环聚合的单体有很多种，如环烯烃、内酯、内酰胺、环醚、环硅氧烷等，其环内含有一个或多个杂原子。值得注意的是，许多可被用作生物医用材料的聚合物都是通过开环聚合得到的，如聚(ε-己内酯)、聚碳酸酯、绝大多数聚醚和聚(L-氨基酸)等。

　　从热力学角度考虑，环状单体能否发生开环聚合得到相应的聚合物，取决于聚合反应前后吉布斯自由能的变化情况（ΔG），与环状单体和线型聚合物的相对稳定性有关。一般而言，六元环相对稳定不能聚合，其他环烷烃的聚合可行性：三元环、四元环＞八元环＞五元环、七元环。对于三元环、四元环，焓变（ΔH）是决定 ΔG 的主要因素；而对于五元环、六元环和七元环，焓变（ΔH）和熵变（ΔS）对 ΔG 的贡献都重要。随着环数的增加，熵变对自由能变化的贡献增大，十二元环以上的环状单体，熵变是开环聚合的主要驱动力。对于环烷烃，取代基的存在将降低聚合反应的热力学可行性。在线形聚合物中，取代基的相互作用要比在环状单体中的大，ΔH 变大（向正值方向变化），ΔS 变小，使得聚合倾向变小。从动力学角度分析，由于在环烷烃的结构中不存在容易被引发物种进攻的键，因此开环聚合难于进行。内酰胺、内酯、环醚及其他的环状单体由于杂原子的存在提供了可接受引发物种亲核或亲电进攻的部位，从而可以进行开环聚合的引发及增长反应。总的说来，三元、四元和七元到十一元环的可聚性高，而五元和六元环的可聚性低。实际上开环聚合一般仅限于九元环以下的环状单体，更大的环状单体一般是不容易得到的。

　　开环聚合既具有某些加成聚合的特征，也具有缩合聚合的特征。开环聚合从表面上看，也存在着链引发、链增长、链终止等基元反应；在增长阶段，单体只与增长链反应，这一点与链式聚合相似。但开环聚合也具有逐步聚合的特征，即在聚合过程中，聚合物的平均分子量随聚合的进行而增长。区分逐步聚合和链式聚合的主要标志是聚合物的平均分子量随聚合时间的变化情况。逐步聚合中，平均分子量随聚合反应的进行增长缓慢；而链式聚合的整个过程中都有高聚物生成，聚合体系中只存在高聚物、单体及少量的增长链，单体只能与增长链反应。大多数的开环聚合为逐步聚合，也有些是完全的链式聚合。开环聚合大多为离子型聚合，如增长链存在着离子对、反应速度受溶剂的影响等。对某些反应，尽管单体和所得聚合物均相同，但由于反应历程不同，其聚合类型亦不相同。如用己内酰胺合成尼龙 6 的反应，用碱为催化剂时属于链式聚合，用酸催化则属于逐步聚合。另外，许多开环聚合还具有活性聚合的特征。

开环聚合与缩聚反应相比，还具有聚合条件温和、能够自动保持官能团的物质的量相等等特点，因此开环聚合所得聚合物的平均分子量通常要比缩聚物高得多。另外，开环聚合可供选择的单体比缩聚反应少，加上有些环状单体合成困难，因此由开环聚合所得到的聚合物品种受到限制。

开环聚合大多为离子型聚合，但还有一种特殊的开环聚合反应是通过配位聚合实现的，即环烯烃的开环易位聚合。开环易位聚合（ROMP）是高分子材料制备方法中一类极具特色的聚合方法。与自由基聚合、阴离子聚合、阳离子聚合及 Ziegler-Natta 配位聚合不同，开环易位聚合所得到的聚合物中仍含有大量的碳碳双键。在环烯烃的 ROMP 中，金属卡宾是活性中心，扮演非常重要的角色。金属卡宾与烯烃中的双键形成金属环丁烷结构，当该中间体以易位方式发生裂解时，形成新的烯烃和金属卡宾物种。此聚合过程中，环烯烃中的碳碳双键被限制在一个环内，得到单体开环结构，且产生的新金属卡宾物种仍具有一样高的反应活性，随着单体不断发生同样反应，聚合物链不断增长，得到了开环易位聚合产物。

实验一 三聚甲醛的阳离子开环聚合

一、实验目的
1. 掌握三聚甲醛的阳离子开环聚合的原理及实施方法。
2. 了解聚甲醛的解聚原理及抑制解聚的解决办法。
3. 了解聚甲醛的性质及应用领域，通过比较高分子材料与其他种类材料的结构和性质的不同点，认识高分子材料的应用优势。

二、实验原理
聚甲醛是分子主链链节中含有—CH_2—O—的线形高分子化合物，学名为聚氧化亚甲基（polyoxymethylene，简称POM），是没有侧链的高熔点、高密度、高结晶性热塑性工程塑料，俗称赛钢。其是以三聚甲醛为原料，以阳离子或阴离子引发剂，通过开环聚合而制备的。最常用的阳离子聚合引发剂有 BF_3 等路易斯酸。三聚甲醛的阳离子聚合过程与环醚的开环聚合有明显区别，最重要的区别是单体与引发剂产生的氧正离子可以转变为碳正离子。它的另一个特点是诱导期较长，其原因被认为是体系中存在如下平衡：

$$—O—CH_2—O—CH_2—OCH_2^+ \rightleftharpoons —O—CH_2—OCH_2^+ + CH_2O$$

当体系中甲醛达到其平衡浓度后，聚合才能开始。若在反应体系中预先加入一些甲醛，诱导期可以缩短或消除。根据这一现象，有人认为三聚甲醛的开环聚合是通过体系产生的甲醛而实现的。以 $BF_3 \cdot Et_2O$ 作为引发剂时，三聚甲醛的聚合反应过程如下：

① 单体与引发剂发生配位-交换反应，形成活性中心，从而完成链引发反应。反应方程式为：

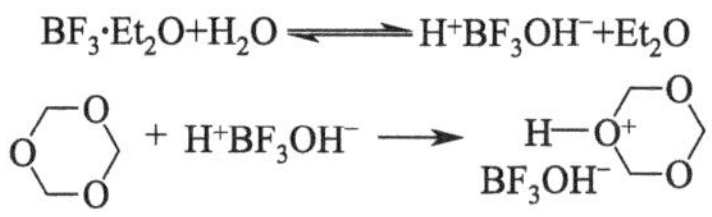

$$BF_3 \cdot Et_2O + H_2O \rightleftharpoons H^+BF_3OH^- + Et_2O$$

② 单体不断与活性中心反应，使聚合物链不断增长。反应方程式为：

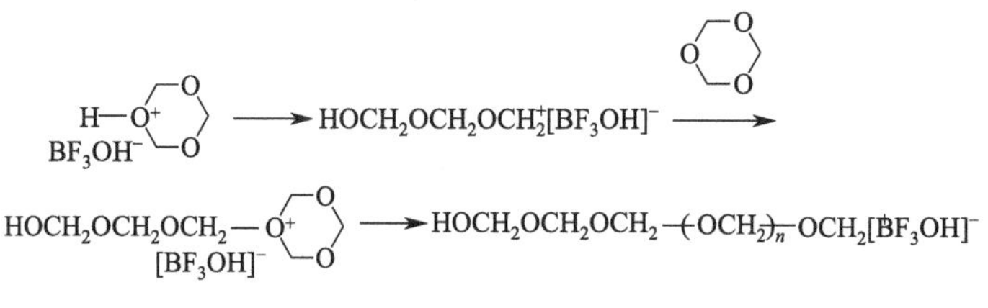

③ 链的终止反应一般是通过链转移进行的，如与水的链转移反应。反应方程式为：

由于生成的聚甲醛溶解性很差，因此三聚甲醛的开环聚合无论是在本体还是在溶液中都是非均相过程。

所得聚合物分子链的末端为半缩醛结构（—OCH$_2$OH），很不稳定，加热时易发生解聚反应分解成甲醛，在100℃以上会发生解聚反应，单体产率可高达100%。为避免解聚反应，可采取的一种解决方案是在聚合产物和脂肪族或芳香族酸酐一起加热时进行封端反应，使得末端羟基酯化，生成热稳定性高的酯基。反应方程式为：

$$\text{HOCH}_2\text{O}\text{--}(\text{CH}_2\text{O})_n\text{--}\text{CH}_2\text{OH} \xrightarrow{(\text{CH}_3\text{CO})_2\text{O}} \text{H}_3\text{C}\text{--}\overset{\overset{\text{O}}{\|}}{\text{C}}\text{--}\text{O}\text{--}\text{CH}_2\text{O}\text{--}(\text{CH}_2\text{O})_n\text{--}\text{CH}_2\text{O}\text{--}\overset{\overset{\text{O}}{\|}}{\text{C}}\text{--}\text{CH}_3$$

还有另一种避免解聚反应的方法是制备共聚甲醛，制备共聚甲醛可采用的共聚单体种类较多，如环醚类、乙烯基化合物、腈类、环酯和其他醛类等，代表性的共聚单体是二氧五环。共聚甲醛主链中的乙氧基单元能阻止脱甲醛的链式反应，因此解聚过程只能进行到最邻近的乙氧基单元，使整个高分子链不被破坏。反应方程式为：

$$n\underset{\text{O}}{\overset{\text{O}\quad\text{O}}{\bigtriangleup}} + m\underset{\text{O}}{\bigcirc} \longrightarrow \text{H}\text{--}(\text{OCH}_2\text{OCH}_2\text{OCH}_2)_n\text{--}(\text{OCH}_2\text{CH}_2\text{OCH}_2)_m\text{--}\text{OH}$$

三、仪器与药品

1. 仪器

名称	规格	数量	用途
电子天平	200g，精确到0.1mg	1	称量固体药品
圆底烧瓶	100mL，250mL	各1	反应容器
空气冷凝管	400℃	1	冷凝
磁力搅拌器	400r/min	1	搅拌反应
玻璃砂芯漏斗	100mL	1	过滤聚合物
注射器	5mL	1	注入引发剂溶液
真空干燥箱	工作温度达到250℃	1	干燥聚合物
热重分析仪	—	1	测试聚甲醛热稳定性

2. 药品

化学结构式/分子式	中英文名称与CAS号	物理与化学性质
(三聚甲醛环状结构)	三聚甲醛[①] 1,3,5-trioxane 110-88-3	摩尔质量：90.08g/mol 溶解性：易溶于水、醇、醚、丙酮等，微溶于石油醚 熔/沸点：59~62℃/114.5℃
BF$_3$·Et$_2$O	三氟化硼乙醚 boron(tri)fluoride etherate 109-63-7	摩尔质量：141.93g/mol 溶解性：与乙醚、醇混溶 熔/沸点：−58℃/126~129℃
C$_2$H$_4$Cl$_2$	二氯乙烷 1,2-dichloroethane 107-06-2	摩尔质量：98.96g/mol 溶解性：与乙醇、氯仿、乙醚混溶 熔/沸点：−35℃/83.5℃
CH$_3$COCH$_3$	丙酮 acetone 67-64-1	摩尔质量：58.08g/mol 溶解性：与水、甲醇、乙醇、乙醚、氯仿和吡啶等均能互溶 熔/沸点：−94.9℃/56.5℃

续表

化学结构式/分子式	中英文名称与CAS号	物理与化学性质
(乙酸酐结构式)	乙酸酐 acetic anhydride 108-24-7	摩尔质量:102.09g/mol 溶解性:溶于乙醇、乙醚、苯 熔/沸点:-73℃/140℃
CH_3COONa	无水乙酸钠 sodium acetate 127-09-3	摩尔质量:82.03g/mol 溶解性:易溶于水,溶于乙醇 熔点:324℃

① 三聚甲醛用水重结晶后真空干燥。

四、实验步骤

1. 三聚甲醛的开环聚合

在干燥的圆底烧瓶中加入45g（0.50mol）无水三聚甲醛及85mL二氯乙烷，用橡胶塞塞好。用注射器注入溶有35mg（0.25mmol）$BF_3 \cdot Et_2O$ 的3.5mL二氯乙烷溶液(0.1mol/L)。一边剧烈振荡一边加入引发剂。将反应瓶放入45℃水浴中，数分钟后有聚甲醛沉淀生成。如15min后仍无沉淀出现，可能是体系不纯所导致的，可额外补加少量引发剂，并记录用量。整个反应体系在十几分钟内凝固，反应1h后加入丙酮，体系呈糊状，用玻璃砂芯漏斗过滤，再用丙酮洗涤聚合物数次，收集聚合物并抽干，并置于真空干燥箱在50℃干燥2h，称重，计算产率。

2. 乙酸酐封端反应

在装有空气冷凝管和氯化钙干燥管的100mL的烧瓶中，加入3g上述所得到的粉末状聚甲醛、30mL乙酸酐及30mg无水乙酸钠，磁力搅拌下140℃回流2h后，冷却、抽滤。产物用含有一定量甲醇的温蒸馏水充分洗涤5次，再用丙酮洗涤3次，室温下真空干燥。用热重分析仪（TGA）测定封端前后聚甲醛的热稳定性。

注意事项：

三聚甲醛可用CaH_2脱水，即在三聚甲醛中加入5%的CaH_2，回流20h，再经分馏完成脱水，称取时注意佩戴橡胶手套。

五、思考题

1. 如何证明已发生乙酸酐封端反应？
2. 工业上用什么方法提高聚甲醛的稳定性？

六、知识拓展

聚甲醛（POM）规整的分子结构导致其具有良好的结晶性，且物理机械性能十分优异，有金属塑料之称，产量仅次于聚酰胺（PA）与聚碳酸酯（PC），是目前世界三大通用工程塑料之一。POM的外观为白色粉料或粒料，硬而致密，与象牙相似，制品表面光滑并有光泽，着色性好，一般不透明，薄壁部分呈半透明状，成型收缩率较高，可达3.5%。POM机械强度较高，尤其是弹性模量、硬度和刚性，在宽温度范围内显示优越的耐冲击性，是替代铜、铸锌、钢、铝等金属材料的理想材料；具有良好的耐疲劳性和耐蠕变性；耐磨损，自润性好；化学稳定性高，电绝缘性优良。POM的缺点是韧性低；缺口敏感性大；耐热性、耐候性差；难以黏合，也难以加阻燃剂改进其易燃性。POM作为一类典型的不可降解塑料，目前它的回收利用受到甲醛释放严重和回收条件苛刻等因素限制[1-3]。

POM 可用于制造汽化器部件、输油管、泵、动力阀、轴承、万向节轴承、齿轮、曲柄、手柄、把手、仪表板、轴套、护罩、汽车升降窗装置和汽车上的电器开关、安全装置等。POM 也可用于机械制造业,因该材料不漏电、强度高,且抗震,适合用于齿轮、链条、驱动轴、轴承、阀杆螺母、叶轮、滚轮、凸轮以及各种机械结构件、电动工具外壳手柄、开关等。其还可用于电子电气和仪表行业,用以制造各种接头、接插元件、开关、按钮、继电器等零部件[4,5]。

七、参考文献

[1] 王梦雨,王立斌,李玉姗,等. 废弃聚甲醛塑料的回收及高值化再利用现状. 石油化工,2023,52(7):1013-1018.

[2] 谢云峰,殷利敬,薛军亮. 高韧耐候改性聚甲醛性能研究. 工程塑料应用,2021,49(4):119-122.

[3] 李艳红,关礼争,李响,等. 聚甲醛合成及热稳定改性研究进展. 工程塑料应用,2021,49(11):149-157.

[4] 胡松喜,李璞,杨森泉,等. 聚甲醛成型加工研究进展. 塑料工业,2020,48(11):14-19.

[5] 王亚涛,李建华. 聚甲醛合成、加工及应用. 北京:科学出版社,2020.

实验二 四氢呋喃的阳离子开环聚合

一、实验目的
1. 了解阳离子开环聚合的原理和反应条件。
2. 掌握四氢呋喃阳离子开环聚合的实验室操作方法。
3. 了解聚四氢呋喃的生产工艺，认识实验室制备与工业生产的合成方案的区别；借助文献阅读与研究，能为其他高分子材料的工艺流程设计及改进提供解决方案。

二、实验原理

四氢呋喃简称 THF，无色液体，有类似乙醚的气味，能溶于水、乙醇、乙醚、脂肪烃、芳香烃、丙酮等有机溶剂，有毒，密度为 $0.89g/cm^3$，凝固点为 $-108.5℃$，沸点为 $66℃$，闪点为 $-17.2℃$，折射率为 1.407。四氢呋喃为五元环的环醚类化合物，其环上氧原子具有未共用电子对，为亲电中心，可以与亲电试剂如路易斯酸（如 BF_3、$AlCl_3$ 和 $SnCl_4$ 等）、质子酸（如 H_2SO_4、$HClO_4$ 等）发生反应进行阳离子开环聚合。四氢呋喃的聚合活性较低，用一般的引发剂引发只能得到分子量为几千的聚合物，而且聚合速率较低。以往增加四氢呋喃聚合速率的方法是在体系中加入一些活性较大的环醚作为促进剂，如环氧乙烷。路易斯酸和环氧乙烷反应，生成更活泼的仲或叔氧离子，继而引发活性小的四氢呋喃单体聚合。其反应方程式为：

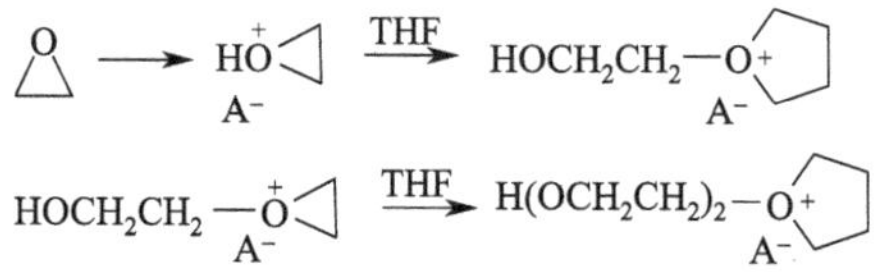

阳离子聚合可以发生向单体、引发剂、溶剂的链转移反应，且很容易发生分子内重排反应，这些反应对所得聚合物的聚合度和分子量有很大影响，而降低温度可以减弱由这些副反应引起的终止反应，延长活性种寿命，从而提高分子量，所以阳离子聚合常在较低温度下进行。

近年来，发展了一种用高氯酸银-有机卤化物为引发体系的聚合方法，可制得分子量较高的聚四氢呋喃，而且聚合速度也有所提高。与高氯酸银配合引发四氢呋喃开环聚合的有机卤化物有氯苄、溴苄、溴丙烯、甲酰氯等，其引发、增长过程为：

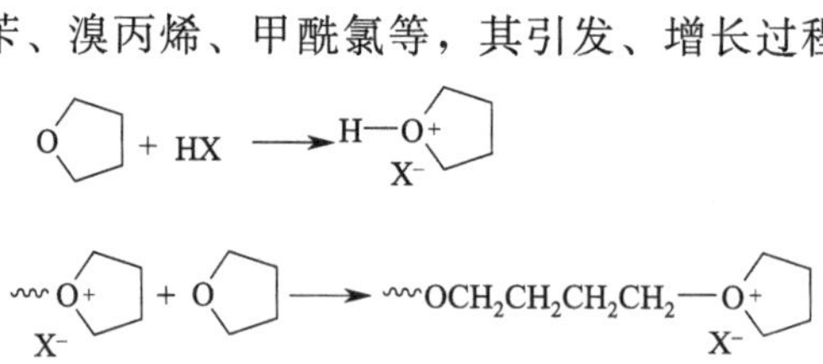

加入苯胺等碱性化合物，可使聚合终止。由以上聚合反应过程可知，主产物是聚四氢呋喃，副产物是高氯酸钠和乙酸钠。

三、仪器与药品
1. 仪器

名称	规格	数量	用途
双排管系统	—	1	提供无水无氧操作
Schlenk 瓶	100mL	1	反应容器
布氏漏斗	—	1	过滤聚合物
注射器针头	50mL	1	注入引发剂溶液
低温槽	工作温度可降至－30℃	1	提供低温反应条件
离心机	—	1	离心除去 AgBr
真空烘箱	—	1	干燥聚合物
恒温水浴	—	1	蒸馏除去残留的 THF

2. 药品

化学结构式/化学式	中英文名称与CAS号	物理与化学性质
(环戊醚结构) O	四氢呋喃 tetrahydrofuran 109-99-9	摩尔质量：72.11g/mol 溶解性：溶于水、乙醇、乙醚、丙酮、苯等有机溶剂 熔/沸点：－108.4℃/66℃
Br—CH$_2$—C$_6$H$_5$	苄溴 benzyl bromide 100-39-0	摩尔质量：171.03g/mol 溶解性：与苯、四氯化碳、乙醇和乙醚混溶 熔/沸点：－4℃/198～199℃
AgClO$_4$	高氯酸银 silver perchlorate 7783-93-9	摩尔质量：207.32g/mol 溶解性：溶于水、苯、甲苯、吡啶 熔点：486℃（分解）
C$_6$H$_5$—NH$_2$	苯胺 aniline 62-53-3	摩尔质量：93.13g/mol 溶解性：稍溶于水，易溶于乙醇、乙醚、氯仿等有机溶剂 熔/沸点：－6.2℃/184℃

四、实验步骤

从干燥器中取出两只干燥好的 Schlenk 瓶，迅速塞上翻口塞，利用双排管置换氮气 3 次。再取出另一 Schlenk 瓶迅速放入 0.50g 高氯酸银，塞上翻口塞，利用双排管置换氮气 3 次。在氮气保护下，用注射器取 25mL 干燥的四氢呋喃注入装有高氯酸银的 Schlenk 瓶，然后拔去针头，用硅脂密封针眼，摇动，充分溶解。同样在通氮气下向另一 Schlenk 瓶中也注入 25mL 干燥的四氢呋喃，再用微量注射器移入 0.4mL 苄溴。拔去针头，用硅脂密封针眼，摇动使两者混匀。

用注射器从上述两个瓶中各吸取 15mL 四氢呋喃溶液，通氮气下加入另一只置换过氮气的 Schlenk 瓶中。拔去针头，用硅脂密封针眼，摇匀，体系立即产生溴化银沉淀。将反应瓶放入－15℃的低温槽中进行聚合反应，经常摇动，经过 40h 后取出。依次加入 5mL 苯胺和 30mL 四氢呋喃。

将已溶解均匀的聚四氢呋喃溶液转入离心机中，离心除去溴化银。溶液再经布氏漏斗抽滤。将滤液转入圆底烧瓶中，置于 80℃ 恒温水浴中蒸出四氢呋喃，得白色蜡状固体，然后放入 40℃ 真空烘箱中干燥至恒重。

五、思考题

1. 简述阳离子开环聚合的特点及对设计聚合方案的影响。
2. 假定本实验的聚合反应中，引发速率远远大于增长速率，并且分子量随转化率逐步增加，试计算当单体 100% 转化时的分子量。

六、知识拓展

聚四氢呋喃是一种性能优异的高分子材料，其下游产品主要是用于生产新型合成纤维氨纶，在非纤领域中的应用也具有巨大潜力。聚四氢呋喃作为聚醚二元醇，主要用作多嵌段的聚氨酯或聚醚-聚酯的软链段。由平均分子量为1000的聚四氢呋喃制得的热塑性聚氨酯弹性体，可用作轮胎、传动带、垫圈等；也可用于涂料、人造革、薄膜等。平均分子量为2000的聚四氢呋喃，可用以制聚氨酯弹性纤维。以聚四氢呋喃为原料制得的弹性材料具有优异的水解稳定性、透气性和耐磨性能，在低温下也能表现出良好的弹性、柔韧性和抗冲击性能，在纺织、管材、化工、医疗器械等方面具有独特而广阔的应用前景[1,2]。

国内聚四氢呋喃消费中，氨纶的生产用原料占到90%以上，而其他领域的消费应用只占不到10%。而在发达国家市场，聚四氢呋喃产品应用消费比例中，约50%用于氨纶生产，40%用于合成橡胶弹性体，10%用于其他领域。

目前聚四氢呋喃的实际生产工艺主要是氟磺酸工艺（Penn工艺）[3,4]。该工艺以氟磺酸（HSO_3F）为催化剂，聚合反应器由3台带搅拌的反应釜串联组成。生产工艺流程如下所示：

一定比例的氟磺酸和四氢呋喃连续进入不同聚合条件的3台聚合釜，反应温度控制在25～50℃、常压，四氢呋喃的单程转化率约为67%，生成两端由氟磺酸封端的聚醚。通过水急冷终止聚合反应，并将两端的氟磺酸基水解成羟基、氟磺酸水解成硫酸和氢氟酸。反应液分层，水层经碳酸钾中和，蒸出未反应的四氢呋喃；聚四氢呋喃层经水洗，并加入甲苯分层。随后将含聚合物的甲苯层通过加入氧化镁调节pH数值为中性。以甲苯为共沸剂，共沸蒸馏脱除聚合物中的大量水分，进一步脱除甲苯，得到聚四氢呋喃产品。

Penn工艺的优点是过程连续，单程转化率高，不消耗醋酐，副产物只有氟化钾和硫酸钾。其缺点是大多数过程是在稀强酸介质存在下操作，对设备材质要求高；采用共沸剂甲苯脱水，大量甲苯循环导致能耗大。

七、参考文献

[1] 张鸿志，董修智，冯新德. 四氢呋喃开环聚合的研究. 高分子通讯，1978（2）：119-123.
[2] 陆爱军，邓元. 四氢呋喃阳离子开环聚合的研究. 合成技术及应用，1994，9（1）：12-16.
[3] 梁丽萍，朱晴，赵永祥，等. 水合ZrO_2固载12-磷钨杂多酸催化四氢呋喃开环聚合. 化学学报，2011，69（16）：1881-1889.
[4] Feist J D, Xia Y. Enol ethers are effective monomers for ring-opening metathesis polymerization: Synthesis of degradable and depolymerizable poly (2,3-dihydrofuran). Journal of the American Chemical Society, 2020, 142 (3): 1186-1189.

实验三 己内酰胺的阴离子开环聚合

一、实验目的
1. 认识己内酰胺与其他环单体结构的区别,了解己内酰胺的不同聚合方法。
2. 掌握强碱催化己内酰胺阴离子开环聚合的原理。
3. 了解铸型尼龙制备和成型的方法,认识尼龙材料种类并加深对材料结构与性能规律的认识,提高根据实际应用设计新型高分子材料的能力。

二、实验原理

聚酰胺(PA)主要品种有尼龙6、尼龙66、尼龙610、尼龙1010等,是世界上最早工业化生产的合成纤维。

尼龙6是聚酰胺的一大品种,主要由己内酰胺开环聚合而成。己内酰胺的熔点为68~70℃,易吸潮,应储存在密闭的容器中。己内酰胺是七元环结构,有一定的环张力,在热力学上有开环聚合的倾向,其最终产物中线形聚合物与环状单体并存,构成平衡,其中环状单体占8%~10%。根据引发剂的不同,可以进行阳离子、阴离子和水解聚合。

水解聚合属于逐步聚合,工业上由己内酰胺合成尼龙6纤维多采用水作引发剂,在250~270℃的高温下进行连续聚合。用质子酸或Lewis酸引发己内酰胺进行阳离子聚合,其产物转化率和分子量(1万~2万)都不高,且有许多副反应。因此,工业上较少采用此反应方法使己内酰胺聚合。

己内酰胺的阴离子开环聚合是在较高温度下通过碱夺取单体氮上的氢形成阴离子,再与单体反应开环形成二聚的氮阴离子,重复反应生成尼龙6。加入乙酸酐或乙酸氯可先形成 N-乙酰基己内酰胺以活化聚合反应,使反应速度成百倍提高,在150℃聚合只需几分钟即可完成,故称为"快速聚合",且反应热只有13.4kJ/mol。阴离子开环聚合升温不高,因而发展为单体浇铸聚合,用于模内浇铸(MC)技术,即以碱金属引发己内酰胺或预聚体,浇铸入模内,继续聚合成整体铸件,制备大型机械零部件。铸型尼龙(MC-Nylon)是目前工业生产中常用的一种工程塑料,具有尺寸稳定性好、机械强度高、耐磨性好、耐弱酸弱碱及有机溶剂、自润滑作用好、结晶度高、分子量高等优点,可用于制造多种机械零件,在许多领域中正逐步替代铜、铝、钢铁等多种金属材料。

己内酰胺阴离子开环聚合具有活性聚合的性质,但其链引发和增长都有其特殊性。

链引发由下面两步反应组成:

① 单体阴离子的形成。己内酰胺与碱金属(M)或其衍生物 $B^- M^+$(如NaOH,CH_3ONa 等)反应,形成己内酰胺单体阴离子(Ⅰ)。其反应方程式为:

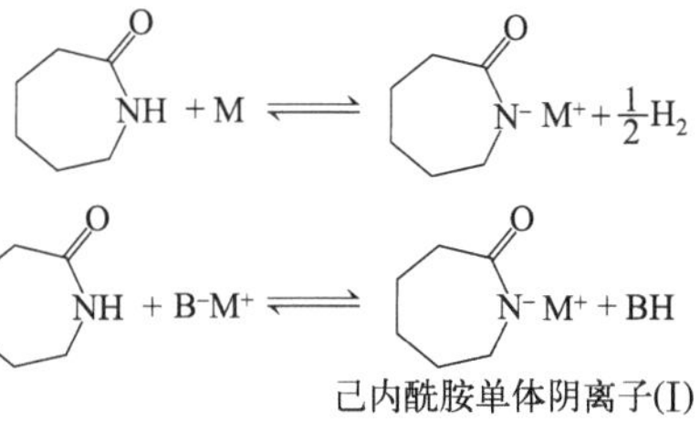

己内酰胺单体阴离子(Ⅰ)

② 二聚体胺阴离子活性种的形成。己内酰胺单体阴离子（Ⅰ）与己内酰胺单体加成，生成活泼的二聚体胺阴离子活性种（Ⅱ）。其反应方程式为：

$$\text{己内酰胺阴离子} + \text{己内酰胺} \xrightarrow{\text{慢}} \text{二聚体胺阴离子活性种(Ⅱ)}$$

己内酰胺单体阴离子（Ⅰ）与环上羰基双键共轭，活性较低；而己内酰胺单体中酰胺键的碳原子缺电子性不足，活性也较低。在两者活性都较低的条件下，反应慢，有诱导期。链增长反应比经典的活性阴离子聚合复杂得多。二聚体胺阴离子活性种（Ⅱ）无共轭效应，活性高，但还不能直接引发单体，而是夺得单体上的质子发生链转移，形成二聚体（Ⅲ），同时再生出己内酰胺单体阴离子（Ⅰ），反应如下：

$$\text{二聚体胺阴离子活性种(Ⅱ)} + \text{己内酰胺} \xrightleftharpoons{\text{快}} \text{二聚体(Ⅲ)} + \text{己内酰胺阴离子(Ⅰ)}$$

产物二聚体（Ⅲ）中环酰胺的氮原子受两侧羰基的双重影响，使环酰胺键的缺电子性或活性显著增加，有利于低活性的己内酰胺单体阴离子（Ⅰ）的亲核进攻，很容易被开环引发增长，如此反复，使链不断增长。

三、仪器与药品

1. 仪器

名称	规格	数量	用途
三口烧瓶	250mL	1	单体脱水容器
温度计	0～200℃	1	监测蒸馏体系温度
蒸馏装置	—	1	脱出水
毛细管	—	1	调节压力
空气冷凝管	300mm	1	冷凝
注射器	1mL	1	注入甲苯-2,4-二异氰酸酯
油浴加热装置	—	1	加热单体
烘箱	工作上限温度为250℃	1	加热模具
模具	—	1	合成铸型尼龙

2. 药品

化学结构式/分子式	中英文名称与CAS号	物理与化学性质
（己内酰胺结构式）	己内酰胺 caprolactam 105-60-2	摩尔质量:113.16g/mol 溶解性:微溶于水，能溶于乙醚、乙醇等多种有机溶剂 熔/沸点:68～71℃/268℃

化学结构式/分子式	中英文名称与CAS号	物理与化学性质
NaOH	氢氧化钠 sodium hydroxide 1310-73-2	摩尔质量:39.99g/mol 溶解性:能与水混溶生成碱性溶液,另也能溶解于甲醇及乙醇 熔点:318.4℃
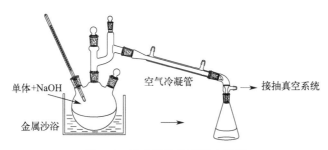	甲苯-2,4-二异氰酸酯 toluene 2,4-diisocyanate 584-84-9	摩尔质量:174.16g/mol 溶解性:能与乙醚、丙酮、四氯化碳、苯、氯苯、汽油混溶,与水和醇反应分解 熔/沸点:20~22℃/251.0℃

四、实验步骤

在250mL的三口烧瓶上垂直安装克氏蒸馏头,并装好毛细管和空气冷凝管,另一侧口装有温度计,从空气冷凝管的另一端经弯管与真空系统相连,弯管磨口处接一个接收瓶(图5.1)。

图5.1 己内酰胺的预聚合装置

将100g己内酰胺加入三口烧瓶中,加热熔融,待熔体温度达到120~130℃,加入0.1g氢氧化钠,立刻进行减压蒸馏,脱除反应生成的水,要求真空度达到10~15mmHg(1mmHg=133.32Pa)。在此过程中应使反应体系保持沸腾回流状态,以保证脱除水分的效果。当体系出现大气泡似暴沸状而不再有水排出时(约30min),即脱水结束。

趁热取下反应瓶,加入0.2mL甲苯-2,4-二异氰酸酯(TDI),迅速摇匀,立即倒入事先预热至160℃的模具中,然后将模具放入150℃的烘箱中,恒温0.5~1h。取出模具,自然冷却至室温,脱模,将产品放入沸水中处理0.5h,即可得到白色或浅黄色坚韧的铸型尼龙制品。

注意事项:

1. 在聚合前期必须马上进行减压蒸馏除水,避免水对聚合的破坏作用。
2. 加入TDI后应迅速摇匀,浇铸也要迅速,否则极易在瓶中结块。
3. 模具在使用前要预热好,温度应达到160℃,否则收缩明显,产品会出现孔隙等。
4. 脱水时间要保证,但脱水时间又不宜过长,否则产物颜色会加深。

五、思考题

1. 为什么要充分排出水分?水分的存在对聚合反应有何影响?
2. 试探讨催化剂用量对聚合物分子量及聚合反应速度的影响。
3. 浇铸时有哪些注意事项?

六、知识拓展

聚酰胺是最先发现的能承受载荷的热塑性塑料,也是目前机械工业中应用较广泛的一种工程塑料。它于 1929 年由美国杜邦公司研究工业化生产，1931 年被申请专利。1935 年首先制得聚酰胺 66，它于 1939 年开始工业生产，其后才陆续出现聚酰胺 6 及其他[1,2]。

聚酰胺的种类很多，在工业产品中，属于二元胺与二元酸缩聚物的主要有聚酰胺 66（己二胺与己二酸缩聚物）、聚酰胺 610（己二胺与癸二酸缩聚物）、聚酰胺 1010（癸二胺与癸二酸缩聚物）。此外还有聚酰胺 610、聚酰胺 612、聚酰胺 613、聚酰胺 1313、聚酰胺 6、聚酰胺 11、聚酰胺 12、聚酰胺 4、聚酰胺 7、聚酰胺 8、聚酰胺 9、聚酰胺 13 等[3]。其中聚酰胺 1010 是我国独创的，它以蓖麻子为原料，提取癸二胺与癸二酸再缩合而成，已广泛用作机械零件。

尼龙 66 由己二胺和己二酸经缩聚反应制成，是聚酰胺的最重要产品[3]，可在质子催化下直接聚合，但更多的是制成尼龙 66 盐后再聚合。利用成盐反应，使己二酸和己二胺等物质的量制成尼龙 66 盐，可以保证两单体的等物质的量聚合。反应通过控制体系 pH 值来控制中和，经重结晶提纯后聚合。聚合中加入少量醋酸控制分子量。为防止盐中己二胺（沸点 196℃）挥发，先在加压的水溶液中进行缩聚反应，待反应一段时间生成低聚物后，再升温及真空脱水进行熔融缩聚，以获得高分子量产物。工业生产有两种方法，间歇法比较成熟，连续法反应时间短、生产效率高。

七、参考文献

[1] 陶威，李姣，闫东广. 反应挤出己内酰胺阴离子开环聚合尼龙 6 的研究进展. 广州化工，2015，43（10）：30-32.

[2] Varghese M，Grinstaff M W. Beyond nylon 6: Polyamides via ring opening polymerization of designer lactam monomers for biomedical applications. Chemical Society Reviews，2022，51：8258-8275.

[3] Kumar R，Shah S，Prancy P D，et al. An overview of caprolactam synthesis. Catalysis Reviews，2019，61（4）：516-594.

实验四 有机铝化合物引发的 β-丙内酯本体聚合

一、实验目的
1. 了解环酯单体的开环聚合原理。
2. 掌握有机铝化合物引发 β-丙内酯本体聚合的方法。
3. 理解开发可降解高分子材料的重要性，能够站在环境保护和社会可持续发展的角度开展高分子材料的设计与合成。

二、实验原理
不同结构的环状单体对聚合物的性能有着非常大的影响，以丙交酯（LA）与己内酯（CL）为例，丙交酯为六元环结构，酯基含量高，开环活性较七元环的己内酯低，但是聚丙交酯烷基含量少、酯基含量高，使得材料刚性强、机械强度高；己内酯由于烷基链较长，其聚合物柔性以及韧性好。

不同尺寸的内酯有着不同的开环聚合标准热力学参数，进而表现出不同的热力学性质，298K 下的平衡单体浓度很大程度上反映出该类单体的开环能力的大小，该数值越大，开环能力越差。当环较小（<8）时，开环聚合过程主要靠热焓的变化驱动，四元环、六元环以及七元环的内酯由于环张力较大，在进行开环聚合时开环较为容易，更容易进行开环聚合，而五元环的丁内酯由于环张力很小，难以实现开环聚合。

环酯在进行开环聚合时，聚合过程都会经过几个基本的步骤，分别是链引发、链增长、链环化/回咬、酯交换以及链终止。聚合是从引发剂与单体反应生成活性种开始的，然后活性种逐个与环状单体反应发生链增长过程，最后在聚合反应后期通过加入终止剂等方式使活性中心失活，终止聚合反应。例如，β-丙内酯可按以下方式发生开环聚合：

对于环酯开环聚合应用最为普遍的催化剂为过渡金属催化剂[1,2]。这类催化体系通过"配位-插入"机理催化开环聚合反应，如工业上使用辛酸亚锡这种简单易得的催化剂生产聚乳酸。烷基铝催化剂在催化环酯开环聚合时表现出极佳的立构选择性，是目前环酯开环聚合催化剂中立构选择性最好的催化剂之一。

三、仪器与药品
1. 仪器

名称	规格	数量	用途
减压蒸馏装置	—	1	纯化单体
两口烧瓶	10mL	1	聚合反应容器
抽滤装置	—	1	收集聚合物
微量注射器	100μL	1	注入铝催化剂

2. 药品

化学结构式/分子式	中英文名称与CAS号	物理与化学性质
(β-丙内酯结构)	β-丙内酯 β-propiolactone 57-57-8	摩尔质量:72.06g/mol 溶解性:与丙酮、酒精、氯仿和乙醚混溶,对水分敏感,易吸湿 熔/沸点:−33℃/162℃
$Al(C_2H_5)_2Cl$	氯化二乙基铝 diethylaluminum chloride 96-10-6	摩尔质量:120.56g/mol 溶解性:与己烷及其他烃类溶剂混溶,以10%甲苯溶液使用 熔/沸点:−85℃/208℃
$CHCl_3$	氯仿 trichloromethane 67-66-3	摩尔质量:119.38g/mol 溶解性:不溶于水,溶于醇、醚、苯 熔/沸点:−63.5℃/61.2℃

四、实验步骤

将 β-丙内酯单体（20kPa下沸点为62℃）在氮气下减压蒸馏后，储存在含有分子筛的接收瓶中备用。

将一个10mL圆底烧瓶通过适当的接头，反复抽空、充氮。加入2mL（32mmol）β-丙内酯和0.04mL（0.32mmol）氯化二乙基铝（10%甲苯溶液）。将烧瓶在50℃下保持20h后，用氯仿稀释瓶内物，滴加到乙醚中使聚合物析出。过滤，并在室温下真空干燥得到聚合物。

所得脂肪族聚酯是晶型的（熔点为75~85℃），能溶于氯仿和二氧六环中。20℃下在氯仿中测定聚合物的黏度值。加热到200~250℃，聚（β-丙内酯）能够定量地降解为单体的丙烯酸，可通过核磁共振氢谱追踪聚合物的降解反应过程。

五、思考题

1. 为什么市售氯化二乙基铝均为比较低浓度的溶液？
2. 单体干燥的常用方法有哪些？

六、知识拓展

聚羟基脂肪酸酯（polyhydroxyalkanoates，PHAs）是一类可由细菌发酵制备的可降解高分子材料，它具有优异的气密性、生物兼容性和机械性能。等规聚-3-羟基丁酸酯（poly-3-hydroxybutryte，P3HB）是PHAs家族中最早被发现的，也是产量最大、最受关注的PHA。1982年，Imperial Chemical Industries Ltd.（ICI）开发了基于生物合成等规P3HB的商用材料，其被认为是一种性能可以媲美等规聚丙烯的可降解高分子材料。然而生物发酵的制备途径存在产率低、难以规模化等问题，限制了等规P3HB的大规模应用。

开发立构规整性P3HB的化学合成路线成为研究的热点，化学合成P3HB面临立体选择性差的难题：非立体选择性合成的无规P3HB材料（$P_m \approx 0.50$）为油状液体，缺乏机械性能。自1961年外消旋β-丁内酯（rac-BBL）开环聚合制备无规P3HB被首次报道以来，许多工作致力于从rac-BBL立体选择性开环聚合制备立构规整性P3HB，其核心在于催化剂结构设计。然而数十年过去，由rac-BBL立体选择性聚合物制备高等规度、高分子P3HB的难题仍然没能很好解决。其中最好的结果为法国Carpenter课题组四齿烷氧基-氨基-双（酚盐）钇配合物，取得最高间同选择性$P_r = 0.94$。相反和生物合成类似的全同选择性（P_m）一直进展缓慢，最好的结果为 Robinson 课题组 2022 年报道的－30℃反应条件，$P_m=0.82$[3]。四川大学朱剑波教授团队报道了 rac-BBL 立体选择性聚合制备高等规 P3HB 的方法，团队开发了一类螺环 Salen-钇催化剂，调整配合物的取代基和立体构型，可以选择性合成等规 P3HB（$P_m=0.95$）和间规 P3HB（$P_r>0.99$）[4]。

七、参考文献

[1] Kamavichanurat S, Jampakaew K, Hormnirun P. Controlled and effective ring-opening (co) polymerization of rac-lactide, ε-caprolactone and ε-decalactone by β-pyrimidyl enolate aluminum complexes. Polymer Chemistry, 2023, 14 (15): 1752-1772.

[2] Keram M, Ma H. Ring-opening polymerization of lactide, ε-caprolactone and their copolymerization catalyzed by β-diketiminate zinc complexes. Applied Organometallic Chemistry, 2017, 31 (12): e3893.

[3] Bruckmoser J, Pongratz S, Stieglitz L, et al. Highly isoselective ring-opening polymerization of rac-β-butyrolactone: Access to synthetic poly (3-hydroxybutyrate) with polyolefin-like material properties. Journal of the American Chemical Society, 2023, 145 (21): 11494-11498.

[4] 黄皓毅，蔡中正，朱剑波. 螺环 Salen-钇配合物催化四元环内酯开环聚合制备立构规整聚羟基脂肪酸酯. 科学通报, 2023 (34): 4597-4599.

实验五　ε-己内酯的开环聚合

一、实验目的
1. 了解内酯开环聚合反应的原理和特点。
2. 掌握制备聚（ε-己内酯）的方法。
3. 评价高分子材料及制品生产、使用及产品功能丧失后处理的过程中可能对人类和环境造成的损害和隐患。

二、实验原理

聚己内酯的部分材料源于石油，由于其优异的可降解性能，成为多功能型聚合物。大量的研究表明，开环聚合是制备高分子量聚乳酸和聚己内酯最有效的方法，可以避免副产物对聚合反应的影响，其中金属配合物催化环酯单体的开环聚合是目前最普遍也是研究最深入的可降解聚合物合成方法。反应方程式为：

$$\text{环己内酯} \xrightarrow{\text{锡催化剂}} \left[-\text{C(=O)}-(CH_2)_5-O-\right]_n$$

内酯能发生阴离子或阳离子聚合反应生成聚酯，除了五元环内酯（γ-丁内酯）不能聚合和六元环（δ-戊内酯）能够聚合外，内酯的反应性规律与其他环状单体相同。丙交酯和乙交酯分别是 2-羟基丙酸（乳酸）和羟基乙酸的二聚体，是特殊的内酯，它们也能进行开环聚合反应。

大多数烯烃聚合的阴离子引发剂可引发内酯聚合，几乎所有的内酯的阴离子聚合均通过酰氧键断裂来进行，这从甲氧基负离子引发的聚合产物的两端分别为酯甲基和羟基的实验结果得到证实，若聚合通过烷氧键断裂来进行，端基将是甲氧基和羧基，此外 β-丁内酯的聚合可保留构型不变也证明是酰氧键断裂。大部分内酯的阴离子聚合反应，特别是活性较低的配位引发剂引发的聚合反应具有活性特征。高活性引发剂（Mg、Zn 和 Ti 的烷氧化物）引发的内酯开环聚合反应，存在明显的酯交换反应，分子量分布变宽，并有环化物产生。β-丙内酯由于环张力，可用叔胺引发聚合，开环发生在烷氧键，增长链为两性离子；用较强的亲核试剂作引发剂时，同时发生烷氧键和酰氧键断裂。

内酯阳离子聚合中，活性中心阳离子进攻内酯的环外氧原子而形成二氧碳阳离子，接着烷氧键断裂进行增长反应。由于阳离子聚合存在着分子内酯交换（环化）以及链转移反应，因此难以获得高分子量的聚酯。

内酯聚合物皆有很好的生物降解性，且具有良好的生物相容性，特别是聚乳酸和聚羟基乙酸，它们的单体皆是生物体新陈代谢的产物。这些特点使得聚乳酸、聚羟基乙酸和聚己内酯以及他们的共聚物是非常好的生物医学材料，引起人们广泛的研究兴趣。

聚己内酯在土壤和水环境中，6～12 月内可以完全分解成二氧化碳和水，其 T_g 为 $-60℃$，熔点为 60～63℃，可在低温成型。除作为可控药物载体、细胞和组织培养基架、可降解手术缝合线外，它还可以应用于塑料的低温冲击性能改性剂、增塑剂、医用造型材料和热熔胶合剂等。

三、仪器与药品

1. 仪器

名称	规格	数量	用途
减压蒸馏装置	—	1	纯化单体
两口烧瓶	10mL	1	聚合反应容器
抽滤装置	—	1	收集聚合物
微量注射器	100μL	1	注入锡催化剂

2. 药品

化学结构式/分子式	中英文名称与CAS号	物理与化学性质
(结构图)	ε-己内酯 ε-caprolactone 502-44-3	摩尔质量:114.14g/mol 溶解性:可溶于氯仿、乙酸乙酯 熔/沸点:-1℃/(225.4±8.0)℃
$C_{16}H_{30}O_4Sn$	辛酸亚锡 stannous octoate 301-10-0	摩尔质量:405.12g/mol 溶解性:溶于石油醚,不溶于水 熔/沸点:<-20℃/>200℃
$C_6H_5CH_3$	无水甲苯 anhydrous toluene 108-88-3	摩尔质量:92.14g/mol 溶解性:不溶于水,可混溶于苯、乙醇、乙醚、氯仿等有机溶剂 熔/沸点:-94.9℃/110.6℃
$MgSO_4$	无水硫酸镁 magnesium sulfate anhydrous 7487-88-9	摩尔质量:120.36g/mol 溶解性:溶于水、乙醇、甘油 熔点:330℃
CaH_2	氢化钙 calcium hydride 7789-78-8	摩尔质量:42.10g/mol 溶解性:不溶于二硫化碳,微溶于浓酸,对水敏感 熔点:675℃
(结构图)	四氢呋喃 tetrahydrofuran 109-99-9	摩尔质量:72.11g/mol 溶解性:溶于水、乙醇、乙醚、丙酮、苯等 熔/沸点:-108.4℃/66℃
C_2H_5OH	乙醇 ethanol 64-17-5	摩尔质量:46.07g/mol 溶解性:与水混溶,可混溶于乙醚、氯仿、甘油、甲醇等有机溶剂 熔/沸点:-114.1℃/(72.6±3.0)℃

四、实验步骤

1. 辛酸亚锡的纯化

商品辛酸亚锡含4.5%（质量分数）的2-乙基己酸和0.5%（质量分数）的水,因此在聚合前需进行纯化和干燥。将40mL辛酸亚锡溶于150mL的无水甲苯中,经无水硫酸镁和活化分子筛回流干燥后,过滤。滤液先在常压下与甲苯/水共沸蒸馏,然后减压蒸馏除去大部分甲苯,冷却后置于密闭的容器中,称量,计算混合液中辛酸亚锡的浓度。如此精制的辛酸亚锡可以在一般情况下使用。若完全精制,则需要除去2-乙基己酸,即在完全去除甲苯后,继续在1.33Pa下进行减压蒸馏（2-乙基己酸为前馏分）,收集150~160℃的馏分,得到干燥、纯净的辛酸亚锡,将其溶解于适量无水甲苯中,标记引发剂的质量浓度。

2. ε-己内酯的纯化

取150mL干燥烧瓶,加入100mL的ε-己内酯和2~3g CaH_2,烧瓶口配置干燥管,于室温搅拌 24h 后，减压蒸馏。纯化的 ε-己内酯加入 4Å 分子筛，密封保存。

3. ε-己内酯的开环聚合

将干燥好的 100mL 两口烧瓶装配好，在干燥氮气流的保护下，加入含 12.5mg 辛酸亚锡的甲苯溶液，通过干燥氮气流使甲苯挥发，然后在减压条件下完全除去甲苯。加入 25g 纯化的 ε-己内酯和一个干燥过的磁子，其余瓶口用橡胶塞塞上。通过油浴加热到 130℃，1h 后冷却至室温。加入 40mL 四氢呋喃溶剂，倒入约 300mL 乙醇中，得到的聚合物沉淀、洗涤、干燥。

五、思考题

1. 内酯开环聚合与内酰胺开环聚合有何异同？
2. 如何避免空气中的水分进入两口烧瓶？

六、知识拓展

环状单体的开环聚合（ROP）是一种普遍且方便的方法，可用于合成结构明确的聚合物[1,2]，所需要的引发剂或催化剂需要能够对单体发起亲核或亲电进攻。在催化剂的结构设计中，可以选用不同的金属与配体，进而可以获得具有高催化反应性/选择性的催化剂体系，并能避免副反应。因此，过渡金属和有机金属催化剂几乎成为主要的 ROP 催化体系。但金属残留物阻碍了所得聚合物在生物医学、药物递送、组织工程和微电子应用中的使用，尤其是锡类催化剂具有潜在生物学毒性，目前在诸多材料的生产中已被禁用。为克服金属配合物催化剂的不足之处，可发展的研究方向是使用来自可再生资源的酶催化剂，这种催化剂通常在温和的反应条件下表现出高选择性和有前景的催化活性。然而，酶催化的工业化过程仍然面临着提高酶在非水介质中反应活性的挑战。同时，开发有机化合物催化剂也受到广大研究工作者的青睐，已成为环酯单体实现 ROP 的有力工具[3,4]。

七、参考文献

[1] 高爱红，赵修贤，游淇，等. 双核胺亚胺铝配合物的合成、结构及其在 ε-己内酯开环聚合中的应用. 精细化工，2023，40（2）：316-321.

[2] 边宇飞，于佩潜，孙峤昳，等. 二水合氯化亚锡催化制备高分子量聚乙交酯. 化学研究与应用，2023，35（2）：318-326.

[3] 肖镇，徐俊熙，许进宝. 吡啶硼酸催化己内酯开环聚合的研究. 广州化工，2023，51（2）：126-129.

[4] Jiang Z L, Zhao J P, Zhang G Z. Readily prepared and tunable ionic organocatalysts for ring-opening polymerization of lactones. Chinese Journal of Polymer Science, 2019, 37 (12): 1205-1214.

实验六　降冰片烯及衍生物的开环易位聚合

一、实验目的

1. 掌握环烯烃开环易位聚合反应的原理和特点。
2. 了解开环易位聚合中催化剂的结构与种类。
3. 认识开环聚合与开环易位聚合的区别；能根据高分子材料的特定需求，有针对性地选择高分子合成路线与方法、设计科学有效的实验方案。

二、实验原理

烯烃复分解反应一般指在金属卡宾催化下烯烃的碳碳双键切断并重新结合的过程。该反应是构建碳碳双键的一种重要手段。半个多世纪以来，烯烃复分解反应已成为烯烃合成常用的手段，广泛应用于有机合成和高分子材料等领域。环烯烃的开环易位聚合（简称 ROMP）是一种高效的聚合反应，其反应可逆，平衡位置可以通过聚合过程的热力学进行调控；由其制备的聚合产物的分子量可控且分子量分布较窄；产物中保存了烯烃的双键。其过程如下所示：首先金属卡宾催化剂和烯烃发生 [2+2] 环加成生成一个四元环中间体；然后该中间体分解转化成另外一个金属卡宾和一个新的烯烃，该金属卡宾和反应物中的另一个烯烃重复上一过程，得到初始的金属卡宾；如此循环，直至反应完成。金属卡宾催化剂是烯烃复分解反应能够进行的关键。

早期的开环易位聚合催化剂大都建立在 Ziegler-Natta 催化剂基础上，是以过渡金属盐与主族金属烷基化合物（助催化剂）组成的多组分体系，如 $WCl_6/EtAlCl_2$、MoO_3/SiO_2、WCl_6/Bu_4Sn 和 Re_2O_7/Al_2O_3 等。此外，早期的催化剂往往还需要加入第三种组分进行活化，如 Calderon 催化剂（$WCl_6/EtAlCl_2/EtOH$）。由于这种催化剂成本低，易于制备合成，已成功应用于聚降冰片烯以及聚双环戊二烯和聚环戊烯等产品的工业化生产。但这些催化剂往往需要较长的引发诱导期，催化剂寿命较短且易产生副反应，活性物种产生不均匀，聚合反应往往难以控制。

Schrock 和 Grubbs 等人分别开发出具有超高催化活性的 W、Mo 和 Ru 系催化剂。结构确定的 Mo 催化剂具有超高的催化活性，且适用底物范围广泛，不受底物结构中空间和电子效应影响。尽管这些前过渡金属催化剂具有超高的催化活性，可以催化多种环烯烃开环易位聚合，但是催化剂对官能团的耐受性有限。Grubbs 等研发出了对空气和氧气不敏感的 Ru 系催化剂 Grubbs Ⅰ～Ⅲ。其中 Grubbs Ⅰ催化剂在水、醇或酚的存在下，也具有良好的催化活性。Grubbs Ⅱ、Ⅲ催化剂利用饱和 N-杂环卡宾、吡啶等配体取代 Grubbs Ⅰ催化剂的三环己基膦（PCy_3），其催化活性提高了两个数量级以上，对底物的适用范围更加广泛，同时催化剂用量大大降低（图 5.2）。

开环易位聚合的单体主要是环状烯烃单体，如环丁烯、环庚烯、环辛烯（COE）、1,4-环辛二烯（COD）、环辛四烯、双环戊二烯（DCPD）、降冰片烯（NBE）及其衍生物（图 5.3）。

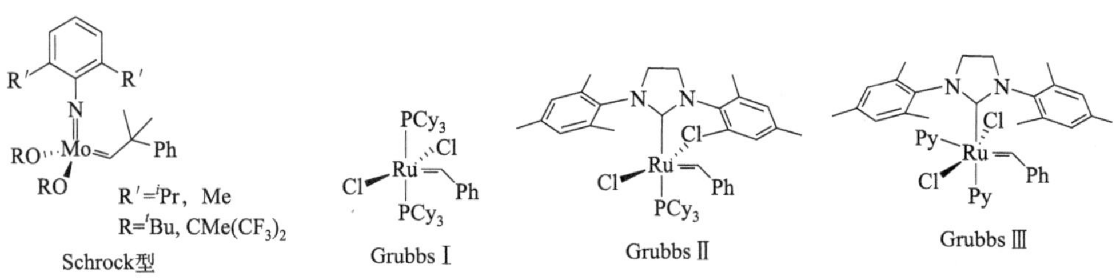

图 5.2 常见的开环易位聚合的催化剂

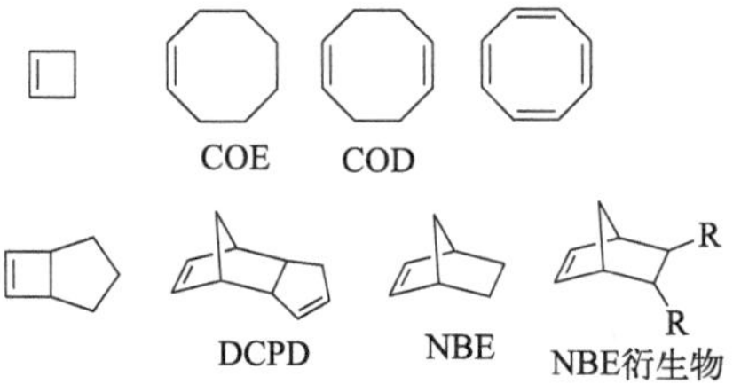

图 5.3 常见开环易位聚合的单体

三、仪器与药品

1. 仪器

名称	规格	数量	用途
双排管系统	—	1	提供无水无氧操作
Schlenk 瓶	100mL	3	称量液体药品
注射器	5.0mL	5	加入药品
微量进样器	10μL	1	加入药品
电子天平	220g/0.1mg	1	称量固体药品
抽滤装置	流动相过滤器含砂芯法兰,250mL 过滤瓶	1	过滤收集聚合物
凝胶渗透色谱仪(GPC)	Waters 1515	1	测试聚合物分子量

2. 药品

化学结构式/分子式	中英文名称与 CAS 号	物理与化学性质
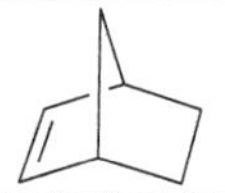	降冰片烯 norbornene 498-66-8	摩尔质量:94.15g/mol 溶解性:不溶于水,可溶于苯、甲苯、二氯甲烷等有机溶剂 熔/沸点:44~46℃/96℃
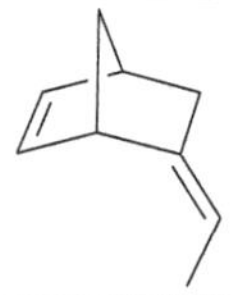	5-亚乙基-2-降冰片烯 5-ethylidene-2-norbornene 16219-75-3	摩尔质量:120.19g/mol 溶解性:微溶于氯仿、己烷 熔/沸点:−80℃/146℃
WCl_6	六氯化钨 tungsten(VI)chloride 13283-01-7	摩尔质量:396.56g/mol 溶解性:易溶于二硫化碳,溶于乙醚、乙醇、苯、四氯化碳 熔/沸点:275℃/347℃
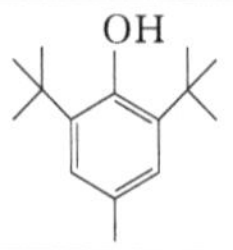	2,6-二叔丁基对甲酚 2,6-di-tert-butyl-4-methylphenol 128-37-0	摩尔质量:220.35g/mol 溶解性:溶于苯、甲苯、甲醇、乙醇、丙酮、四氯化碳等溶剂,不溶于水及稀氢氧化钠溶液 熔/沸点:69~73℃/265℃

化学结构式/分子式	中英文名称与 CAS 号	物理与化学性质
C_2H_5OH	乙醇 ethanol 64-17-5	摩尔质量：46.07g/mol 溶解性：与水混溶，可混溶于乙醚、氯仿、甘油、甲醇等有机溶剂 熔/沸点：−114.1℃/(72.6±3.0)℃
$C_6H_5CH_3$	无水甲苯 anhydrous toluene 108-88-3	摩尔质量：92.14g/mol 溶解性：不溶于水，可混溶于苯、乙醇、乙醚、氯仿等有机溶剂 熔/沸点：−94.9℃/110.6℃
$C_2H_5AlCl_2$	二氯化乙基铝 ethylaluminum dichloride 96-10-6	摩尔质量：126.95g/mol 溶解性：溶于苯、乙醚、戊烷，以 1.0mol/L 的己烷溶液使用 熔/沸点：32℃/68~70℃

四、实验步骤

1. 单体与溶剂的处理

将降冰片烯与 5-亚乙基-2-降冰片烯均通过减压蒸馏提纯；无水乙醇通过鼓氮气除氧后保存；甲苯、1-己烯在氮气保护下用钠丝回流后取新鲜馏出液备用。

利用双排管真空系统，在氮气鼓吹下，转移适量 WCl_6 于除水除氧后的 Schlenk 瓶（提前称重）中，氮气保护下换上翻口橡胶塞，加入适量甲苯，用磁子搅拌溶解，得到浓度为 0.5mol/L 的 WCl_6 甲苯溶液。

2. 聚合反应的实施

氮气保护下，称取 15mmol 5-亚乙基-2-降冰片烯单体于装有磁子的 Schlenk 瓶，依次加入 0.5μmol 的 WCl_6 甲苯溶液，按照乙醇与 WCl_6 的物质的量之比为 1.5∶1 加入乙醇进行活化，再加入助催化剂 $EtAlCl_2$（$EtAlCl_2$ 与 WCl_6 的物质的量之比为 4∶1），最后加入适量甲苯，使得溶液单体浓度为 0.6mol/L，室温搅拌开始聚合并计时。分别于 10min、20min、30min、40min，用注射器抽取 1mL 聚合溶液转移到含有乙醇的锥形瓶内并搅拌 30min，收集相应聚合物沉淀，真空干燥，称量，计算产率，并测试聚合物分子量。按相似的反应步骤开展降冰片烯的开环易位聚合，最终比较聚合物分子量的区别。通过核磁共振氢谱对两种聚合物进行表征，分析聚合物结构。

五、思考题

1. 环烯烃发生开环易位聚合的驱动力是什么？
2. 在此实验催化体系下的开环易位聚合是否为活性聚合？

六、知识拓展

开环易位聚合（ROMP）的催化剂研究一直是该领域的重要方向。近年来，随着科学技术的不断发展，ROMP 催化剂的研究也取得了显著的进展。传统的 ROMP 催化剂主要是第一代和第三代 Grubbs 催化剂，它们具有较高的链引发-链增长比，但价格较为昂贵，且存在高成本和高含量的钌污染物等问题。为了解决这些问题，科学家们开始寻找能够替代 Grubbs 催化剂的新型催化剂。其中，六氯化钨是一种经济廉价且活性较高的催化剂，它能够合成高分子量的聚合物，是开环易位聚合合适的催化剂之一。还有一些基于钼、钨、铼等金属的催化剂被报道用于 ROMP 反应，它们具有较高的催化活性和稳定性，且成本较低[1,2]。

经典的 Grubbs 催化剂的最大优点是对多种极性官能团具有很好的耐受性，但在开环易位聚合中无法实现有规立构聚合。近年来随着对催化剂结构的进一步改造，亦可实现对聚合过程中单体与金属活性中心的反应的控制，进而实现有规立构聚合[3]。

除了金属催化剂外，近年来还有一些非金属催化剂被报道用于 ROMP 反应，如氮杂环卡宾催化剂等[4]。这些非金属催化剂具有环保、易得、催化活性高等优点，为 ROMP 反应提供了新的选择。总的来说，随着科学技术的不断进步，ROMP 催化剂的研究也在不断深入和发展。新型催化剂的不断涌现将为 ROMP 反应的工业化生产和应用提供更加广阔的前景。

七、参考文献

[1] Schrock R R. Synthesis of stereoregular polymers through ring-opening metathesis polymerization. Accounts of Chemical Research，2014，47（8）：2457 - 2466.

[2] Autenrieth B，Buchmeiser M R，Schrock R R，et. al. Stereospecific ring-opening metathesis polymerization (ROMP) of endo-dicyclopentadiene by molybdenum and tungsten catalysts. Macromolecules，2015，48（8）：2480 - 2492.

[3] Rosebrugh L E，Marx V M，Grubbs R H，et al. Synthesis of highly Cis, syndiotactic polymers via ring-opening metathesis polymerization using ruthenium metathesis catalysts. Journal of the American Chemical Society，2013，135（27）：10032 - 10035.

[4] Gitter S R，Li R，Boydston A J. Access to functionalized materials by metal-free ring-opening metathesis polymerization of active esters and divergent postpolymerization modification. ACS Macro Letters，2024，13（2）：144-150.

第六章

聚合物的化学反应

聚合物的化学反应是指聚合物分子链内或分子链间官能团相互转化的化学反应过程。研究聚合物化学反应的主要目的是对廉价聚合物进行改性，提高性能，制备新的聚合物，扩大应用范围。如氯化聚乙烯与聚乙烯相比，耐候性、耐老化性能、阻燃性能更好，橡胶交联后弹性、耐溶剂性、耐热性能得到了提高等。此外，聚合物的降解也属于典型的聚合物化学反应，研究聚合物的降解，有利于废弃聚合物的处理，对解决塑料白色污染问题具有重要意义。

与小分子的反应相比，聚合物化学反应表现出反应体系复杂、反应速度低、副反应多等特点，这主要是因为聚合物本身就是由聚合度不一的高分子组成的混合物，进行反应时，每条高分子链上的官能团转化程度基本都是不一样的。与此同时，由于分子链上具有很多的官能团，参与反应的只有部分官能团，生成的产物分子链上同时具有原来的官能团和反应生成的新的官能团，很难进行分离提纯。因此聚合物化学反应的最终产物一般都是多组分、不均一的。

聚合物化学反应影响因素复杂，受物理因素（如聚合物的结晶度、溶解性、反应温度等）和化学因素（如邻近基团效应、概率效应等）共同影响。如对于部分结晶的聚合物，非晶区分子链间相互作用弱，链与链排列不规则，而晶区分子链排列紧密，因此溶剂等小分子容易扩散进入非晶区，反应在非晶区进行。在聚合物的化学反应中，随着反应的进行，聚合物中原有官能团或反应后新生成官能团可能会形成位阻效应，阻止反应的进一步发生。与此同时，当聚合物分子链上相邻官能团成对参与反应时，由于概率效应，反应过程中肯定会产生孤立的单个官能团，而这些残留的单个官能团不能继续反应，因此不能达到完全转化，如聚乙烯醇进行缩醛化时，一般只能有 80% 左右的羟基能进行缩醛化反应。

实验一　醋酸乙烯酯单体制备聚乙烯醇缩丁醛

一、实验目的
1. 掌握聚醋酸乙烯酯醇解及聚乙烯醇缩醛化的反应原理和特点。
2. 根据高分子材料的特定需求，针对性地选择研究路线，设计科学有效的实验方案并熟悉相应的表征手段。
3. 了解聚乙烯醇的相关应用，培养从事产品研发、工艺设计等方面的能力，提高独立分析能力和创新能力。

二、实验原理
聚乙烯醇可以用作黏结剂和分散剂，同时也是生产维纶纤维的原料。但是，乙烯醇不稳定，会迅速异构成乙醛，无法稳定存在，所以聚乙烯醇不能由单体直接聚合制备，一般需要通过聚醋酸乙烯酯醇解进行制备。醇解的催化剂一般有酸性和碱性两种，而碱性催化剂条件下的醇解反应又可再分为湿法和干法两类。湿法是指在原料聚醋酸乙烯酯甲醇溶液中含 1.5% 左右的水，且碱催化剂也配成水溶液。湿法的特点是醇解反应速度快，但同时也存在副反应多等问题。干法是指聚醋酸乙烯酯甲醇溶液中不含水，碱催化剂也溶在甲醇中，此种方法碱的用量较少。干法克服了湿法副反应多的缺点，但也存在反应速度慢的不足。

聚醋酸乙烯酯醇解反应：

$$\text{聚醋酸乙烯酯} \xrightarrow[\text{干法}]{\text{NaOH, CH}_3\text{OH}} \text{聚乙烯醇} + n\text{CH}_3\text{COOCH}_3$$

$$\text{聚醋酸乙烯酯} \xrightarrow[\text{湿法}]{\text{NaOH, CH}_3\text{OH}} \text{聚乙烯醇} + n\text{CH}_3\text{COONa}$$

聚乙烯醇具有强度高、韧性好和耐冲击力强等优点，广泛应用在医用布、无纺布及纺高支纱织物等纺织工业领域。与此同时，聚乙烯醇每个重复单元上都含有羟基，可进行很多反应，如酯化、醚化、缩醛化等，其中缩醛化反应在工业上具有重要的应用价值。

聚乙烯醇缩醛化反应：

$$\text{聚乙烯醇} \xrightarrow[\text{H}^+]{\text{RCHO}} \text{聚乙烯醇缩醛}$$

聚乙烯醇经过缩醛化反应后，可以制得维纶纤维，其为重要的人工合成纤维材料，具有优异的耐水性和良好的机械性能，如聚乙烯醇缩甲醛（poly vinyl formal，PVF）在涂料、黏合剂、海绵等方面有很大的应用前景。另外，聚乙烯醇缩丁醛［poly（vinyl butyral），PVB］也是一种重要的高分子材料，其具有优异的化学、光学与机械拉伸性能，折射率同玻璃相近，透明度高，目前广泛应用于汽车玻璃夹层中。与此同时，聚乙烯醇缩丁醛结构中具有亲水、亲油双官能团，在材料黏接领域也具有广泛的应用。

三、仪器与药品

1. 仪器

名称	规格	数量	用途
三口烧瓶	150mL	1	反应容器
恒压滴液漏斗	50mL	1	滴加药品
烧杯	500mL	1	反应容器
滴管	2.5mL	若干	滴加药品
恒温水浴	欧莱博 HH-W420	1	加热恒温
机械搅拌器	IKA RW20	1	搅拌
球形冷凝管	—	1	冷凝回流
电子天平	FA2004B	1	称量固体药品
差示扫描量热仪	Mettler-Toledo DSC821e	1	表征产物
红外光谱仪	Perkin-Elmer Spectrum BX	1	表征产物

2. 药品

化学结构式/分子式	中英文名称与CAS号	物理与化学性质
(结构式)	醋酸乙烯酯 vinyl acetate 108-05-4	摩尔质量:86.09g/mol 溶解性:微溶于水,溶于醇、丙酮、苯、氯仿 熔/沸点:-93℃/72.5℃
NaOH	氢氧化钠 sodium hydroxide 1310-73-2	摩尔质量:39.997g/mol 溶解性:易溶于水、乙醇和甘油,不溶于乙醚、丙酮 熔点:318℃
CH_3OH	甲醇 methanol 67-56-1	摩尔质量:32.04g/mol 溶解性:能与水、醇、醚等有机溶剂互溶 熔/沸点:-98℃/(48.1±3.0)℃
(结构式)	偶氮二异丁腈 azodiisobutyronitrile(AIBN) 78-67-1	摩尔质量:164.208g/mol 溶解性:不溶于水,溶于乙醚、甲醇、乙醇、丙酮、氯仿、二氯乙烷、乙酸乙酯等 熔/沸点:102~104℃/(236.2±25.0)℃
(结构式)	正丁醛① n-butyraldehyde 123-72-8	摩尔质量:72.10g/mol 溶解性:微溶于水,溶于乙醇、乙醚等 熔/沸点:-99℃/74.8℃
H_2SO_4	浓硫酸 concentrated sulfuric acid 7664-93-9	摩尔质量:98.08g/mol 溶解性:与水互溶,易溶于极性溶剂 熔/沸点:10℃/338℃

① 正丁醛气味较重,实验操作必须在通风橱中进行。

四、实验步骤

1. 醋酸乙烯酯的溶液聚合

在装有搅拌器、冷凝管、温度计的150mL三口烧瓶中（图6.1），分别加入25g醋酸乙烯酯（26mL）、5mL溶有0.10g AIBN的甲醇溶液，搅拌，加热升温，将反应物逐步升温至62℃左右，反应约2h，后升温至65℃左右，30min后结束聚合反应。反应过程中，当体系黏度太大时，可通过补加甲醇稀释，每次8mL。

2. 聚乙烯醇的制备

将上述制备的聚醋酸乙烯酯甲醇溶液浓度稀释至20%，后倒入500mL烧杯中，体系温度控制在25℃左右，缓慢滴加NaOH溶液（浓度为35%）8.0mL，搅拌，体系即刻有

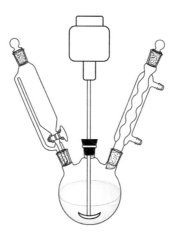

图 6.1 聚合反应装置示意图

白色絮状物出现，析出的白色絮状物即为聚乙烯醇。反应结束后，通过抽滤除去溶剂，所得固体用乙醇洗涤 3~5 次，后在室温条件下真空干燥，即可得到产物。

3. 聚乙烯醇缩丁醛的制备

取 5.0g 上述制备的聚乙烯醇配制成质量分数为 15% 的水溶液，后加入 0.3g 浓硫酸，预热至 65℃；在三口烧瓶上安装机械搅拌器、冷凝管、恒压滴液漏斗，然后加入 3.2g 新蒸的正丁醛。将经浓硫酸酸化的聚乙烯醇水溶液通过恒压滴液漏斗加入三口烧瓶中，约 3min 滴加完毕。在此过程中注意保持良好搅拌，同时要避免因搅拌过快而使反应液溅到反应瓶壁上。随着聚乙烯醇溶液的加入可即刻观察到产物沉淀的生成。聚乙烯醇溶液滴完后，加入 0.9g 50% 的硫酸，将混合物在 50~55℃ 继续反应 1h 后停止反应，冷却至室温，过滤除去溶剂，所得产物水洗至中性，后将水洗后产物再次溶于甲醇，以水为沉淀剂进行沉淀提纯，过滤得到固体产物，室温下真空干燥至恒重，计算产率。

4. 产物的表征

在指导教师协助下，分别取出聚醋酸乙烯酯、聚乙烯醇、聚乙烯醇缩丁醛部分样品，用差示扫描量热仪测定它们的玻璃化转变温度，并通过红外光谱仪对它们的结构进行表征，记录并与其他小组的数据对比，总结规律。

五、思考题

1. 查阅文献，试讨论聚乙烯醇的用途。
2. 在聚乙烯醇溶液的滴加过程中为什么要避免反应液溅到瓶壁？
3. 聚醋酸乙烯酯醇解时，通过控制反应条件，可以得到羟基含量不同的聚乙烯醇，它们的性质有何差异？

六、知识拓展

维纶纤维的主要成分是聚乙烯醇缩甲醛（PVF），其生产过程是先将聚醋酸乙烯酯醇解，生成聚乙烯醇，然后将聚乙烯醇纺丝拉伸，再和甲醛反应，生成半缩醛和缩醛。维纶抗热、抗化学腐蚀性好，并且是合成纤维中吸湿性最大的品种，吸湿率为 4.5%~5%，接近于棉花（8%）；它的相对密度比棉花要小，因此与棉花相同质量的维纶能织出更多的衣料；其热传导率低，因而保暖性好；强度稍高于棉花，比羊毛高很多；在一般有机酸、醇、酯及石油等溶剂中不溶解，不易霉蛀，在日光下暴晒强度损失不大。但维纶缺点也较多,比如缺乏韧性、难于染色[1-3]。

  维纶在所有合成纤维中,原料易得,价格相对其他合成纤维较低廉,而且性能良好[4,5]。维纶是良好的服装用材料,它的强度好、耐磨,经过处理的维纶衣料特别适合作外套和儿童服装。如果把维纶和其他纤维混纺,还可以增加这些织物的强度和耐磨性。维纶的导热性比棉花和人造棉都要小,接近蚕丝和羊毛,而且纤维有些卷曲,使织物含空气较多,可增强保暖性,所以,适合冬天穿着。维纶在工业上的应用也很广,化学工业利用它耐酸碱的特性,将其做成过滤布、肥料袋、工作服等;橡胶工业利用它对橡胶有良好的黏着力,将其用作轮胎帘子线、橡胶管衬里等。

七、参考文献

[1] Teodorescu M, Bercea M, Morariu S. Biomaterials of poly (vinyl alcohol) and natural polymers. Polymer Reviews, 2018, 58 (2): 247-287.
[2] 梁海. 高缩醛度聚乙烯醇缩丁醛工艺研究. 化学与粘合, 2019, 41 (4): 316-318.
[3] 吴梦谣, 张雅秀, 李佳欣, 等. 聚乙烯醇中红外光谱研究. 纺织科学与工程学报, 2021, 38 (2): 48-53.
[4] 潘祖仁. 高分子化学. 5版. 北京: 化学工业出版社, 2011.
[5] 赵伟, 徐玲. 水溶性纤维 (PVA) 在毛纺中的应用. 毛纺科技, 1999 (6): 39-40.

实验二 丙烯腈-丁二烯-苯乙烯接枝共聚物的合成

一、实验目的
1. 掌握 ABS 树脂制备的原理及 ABS 的相关合成工艺。
2. 根据高分子材料的特定需求，针对性地选择研究路线，设计科学有效的实验方案并熟悉相应的表征手段。
3. 了解接枝改性的相关应用，培养从事产品研发、工艺设计等方面的能力，提高独立分析能力和创新能力。

二、实验原理
丙烯腈-丁二烯-苯乙烯共聚物（ABS 树脂）是以聚丁二烯或丁二烯-苯乙烯共聚物为主链、丙烯腈-苯乙烯共聚物为支链的接枝共聚物，其中丙烯腈（acrylonitrile，A）赋予了 ABS 树脂热稳定性及耐溶剂性能，丁二烯（1,3-butadiene，B）赋予了树脂良好的韧性和抗冲击性，而苯乙烯（styrene，S）则赋予了树脂强度和流动性能。ABS 树脂综合性能优良，是介于通用塑料和工程塑料之间的一种高分子材料。单体组成是影响共聚物性能的重要因素之一，例如增加组分中丁二烯的含量，树脂的冲击强度提高，但硬度、熔融流动性会降低；增加组分中丙烯腈的含量，树脂的稳定性、硬度会提高，但韧性和弹性会降低。一般丙烯腈的用量在 20%～35%，丁二烯在 10%～30%，苯乙烯在 40%～60%。

ABS 树脂的生产方法很多，接枝法是其中比较常见的一种。一般而言，生产 ABS 的接枝法又可以再细分为乳液法、乳液悬浮法、乳液本体法等，其中乳液法合成 ABS 树脂是一种链转移接枝反应，其反应过程可示意如下：

① 引发剂在加热条件下分解产生初级自由基：

$$I \xrightarrow{\text{加热}} R\cdot$$

② 初级自由基进攻高分子链，或是在双键上加成，见式（6.1）；或是进攻 α-氢，发生链转移，见式（6.2）。

$$\sim\!\!CH_2-CH=CH-CH_2\!\!\sim + R\cdot \longrightarrow \sim\!\!CH_2-CH-CH-CH_2\!\!\sim$$
$$|$$
$$R$$

$$\sim\!\!CH_2-CH\!\!\sim + R\cdot \longrightarrow \sim\!\!CH_2-CH\!\!\sim \qquad (6.1)$$
$$| |$$
$$CH=CH_2 CH-CH_2R$$

$$\sim\!\!CH_2-CH=CH-CH_2\!\!\sim + R\cdot \longrightarrow RH + \sim\!\!CH_2-CH-CH=CH\!\!\sim$$

$$\sim\!\!CH_2-CH\!\!\sim + R\cdot \longrightarrow RH + \sim\!\!CH_2-C\!\!\sim \qquad (6.2)$$
$$| |$$
$$CH=CH_2 CH=CH_2$$

③ 高分子链自由基引发单体聚合，发生接枝聚合反应：

$$\sim\!\!CH-CH=CH-CH_2\!\!\sim + CH_2=CH(\text{Ph}) + CH_2=CHCN \longrightarrow ABS \qquad (6.3)$$

需要指出的是，反应过程中，单体既可参与接枝共聚反应，也可参与线性共聚反应，产生苯乙烯与丙烯腈组成的线型共聚物。参与两种反应的比例不同，所得树脂的性能也不同，一般用接枝效率，即已接枝单体的质量占已聚合单体总质量的百分比，来表征单体参与两种反应的比例。

为得到反应的接枝效率，需要将反应产物中未进行接枝反应的聚丁二烯以及苯乙烯与丙烯腈组成的线型共聚物除去，提纯方法基于它们在溶解性上的差别，常用的有选择溶解法和选择沉淀法。一般先将反应得到的产物用二甲苯处理，提取不溶的部分，此步可以将未接枝的聚丁二烯和部分苯乙烯与丙烯腈组成的线型共聚物除去；然后将不溶部分用丙酮处理，含有的另外一部分苯乙烯与丙烯腈组成的线型共聚物在丙酮中溶解，不溶的部分即为所要制备的产物——ABS 接枝共聚物，其中含有少量交联的聚丁二烯。

ABS 树脂具有优异的可加工性，同时还具有良好的抗冲击性、耐化学性、耐腐蚀性等，可以通过改变丙烯腈、丁二烯和苯乙烯三个组分之间的比例，对 ABS 的性能进行调节。ABS 树脂优异的性能使其在汽车、电气、纺织、造船等领域都具有广泛的应用。

三、仪器与药品

1. 仪器

名称	规格	数量	用途
三口烧瓶	250mL	1	反应容器
烧杯	250mL	1	反应容器
布氏漏斗	150mm	1	分离产物
抽滤瓶	1000mL	1	分离产物
滴管	2.5mL	若干	滴加药品
恒温水浴	欧莱博 HH-W420	20	加热恒温
机械搅拌器	IKA RW20	20	搅拌
球形冷凝管	—	20	冷凝回流
电子天平	FA004B	1	称量固体药品
红外光谱仪	Perkin-Elmer Spectrum BX	1	表征产物
热裂解气相色谱-质谱联用仪	GC-MS6800S	1	表征产物

2. 药品

化学结构式/分子式	中英文名称与 CAS 号	物理与化学性质
—	丁苯胶乳[①] styrene-butadiene latex	摩尔质量：158.243g/mol 溶解性：极易溶于水和极性溶剂
⌕CN	丙烯腈 acrylonitrile 107-13-1	摩尔质量：53.06g/mol 溶解性：微溶于水，易溶于多种有机溶剂 熔/沸点：-83.5℃/77.3℃
(苯乙烯结构式)	苯乙烯 styrene 100-42-5	摩尔质量：104.15g/mol 溶解性：不溶于水，易溶于多种有机溶剂 熔/沸点：-30.6℃/(145.2 ± 7.0)℃

化学结构式/分子式	中英文名称与CAS号	物理与化学性质
$(NH_4)_2S_2O_8$	过硫酸铵 ammonium persulphate 7727-54-0	摩尔质量:228.20g/mol 溶解性:易溶于水 熔点:120℃
$NaHSO_3$	亚硫酸氢钠 sodium hydrogen sulfite 7631-90-5	摩尔质量:104.06g/mol 溶解性:易溶于水,微溶于醇、乙醚 熔点:150℃
$CH_3(CH_2)_{16}COO^-K^+$	硬脂酸钾 potassium stearate 593-29-3	摩尔质量:322.57g/mol 溶解性:可溶于热水或醇,缓溶于冷水 熔点:350℃
HCl	盐酸 hydrochloric acid 7647-01-0	摩尔质量:36.46g/mol 溶解性:易溶于水和酒精,也可溶于乙醚 熔/沸点:-27.32℃/48℃
NaOH	氢氧化钠 sodium hydroxide 1310-73-2	摩尔质量:39.99g/mol 溶解性:能与水混溶生成碱性溶液,另也能溶解于甲醇及乙醇 熔/沸点:318.4℃/1390℃

① 丁二烯和苯乙烯经低温聚合而成的稳定乳液。

四、实验步骤

1. ABS树脂的乳液聚合。实验装置如图6.2所示。把丁苯胶乳加到三口烧瓶中,在不断搅拌下依次加入乳化剂硬脂酸钾、单体丙烯腈及苯乙烯、胶乳体积2/3的蒸馏水,继续搅拌30min,以使单体能充分地向胶乳粒子内部扩散。加热升温,待温度升至65℃,加入分别用水溶解好的引发剂过硫酸钾和亚硫酸氢钠溶液,用30%的NaOH水溶液调节pH值至10左右,保持在65℃反应7h。在此期间,为维持乳液的稳定性,需每隔一定时间检测体系的pH值,并用30%的NaOH水溶液进行调节。

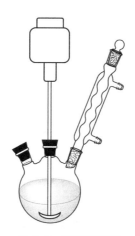

图6.2 实验装置图

2. 单体是否反应完全的测定。从体系中取少量反应物,用蒸馏水稀释30倍,后加入盐酸溶液,使胶乳胶凝,测定单体是否反应完全。如果体系有单体残留,胶凝后上层溶液为白色浑浊;如果体系中的单体基本已转化完全,则上层溶液为澄清。

3. 反应完成后，将反应物倒入大烧杯中，用水稀释10倍，在搅拌下加入盐酸使胶乳胶凝。为使过滤更容易，可将已胶凝的反应物加热至沸腾，使乳液彻底破坏。为使沉淀粒子变大，可重复操作多次。过滤，洗涤至滤液至中性，干燥，得到白色粉末状产物。

4. 将产物分离，计算接枝效率，并在指导教师协助下，取出部分分离后的产物样品，用红外光谱仪和热裂解气相色谱-质谱联用仪对它们的结构进行表征，记录并与其他小组的数据进行对比，总结规律。

五、思考题

1. ABS中各组分对其性能有何影响？
2. 查阅文献，说明共混法和接枝共聚法制备的ABS树脂在性能上的差异？

六、知识拓展

聚合物接枝改性是一种利用聚合反应在聚合物高分子链上引入极性或功能性官能团基的改性方式。聚合物经接枝改性后具有极高的极性，或带有特殊的官能团，可提高聚合物的黏结性、可印刷性，可用于大分子偶联剂、增韧剂以及各类功能材料等。聚合物接枝改性有熔融法、溶液法、悬浮法和固相法等，其中熔融法可在双螺杆挤出机中实施，成本较低，最为常用[1,2]。

聚合物通过接枝改性引入极性官能团后，会产生增韧等新的作用。很多弹性体自身的增韧效果很好，但是因为与增韧基体树脂的相容性不好，而难以发挥出应有的增韧效果[3,4]。对这类弹性体进行接枝改性处理后，可以大大提高与增韧基体树脂的相容性能，使增韧性能大幅度提高。如聚烯烃弹性体（polyolefin elastomer，POE）对聚丙烯（polypropylene，PP）的增韧效果很好，但对聚酰胺（polyamide，PA）的效果则一般，主要是因为POE与PA的相容性不好，如果用马来酸酐（maleic anhydride，MAH）进行接枝改性形成POE-g-MAH，则提高了与PA的相容性，成为PA的一种优秀增韧剂。再如，纯线形三嵌段共聚物SEBS（styrene ethylene butylene styrene）对聚对苯二甲酸乙二醇酯（polyethylene terephthalate，PET）和聚对苯二甲酸丁二酯（polybutylene terephthalate，PBT）的增韧效果一般，原因是两者相容性不好，如果用甲基丙烯酸缩水甘油酯（GMA）进行接枝改性形成SEBS-g-GMA，则其成为PET、PBT的一种优秀增韧剂。

七、参考文献

[1] 赵金榜. 用于涂料工业中的环氧树脂化学改性例. 现代涂料与涂装，2015，18（8）：21-24.

[2] 欧军飞，周金芳，简令奇，等. 聚合物表面改性方法概述. 塑料工业，2007，35（11）：5-10.

[3] Wang L, Okada K, Sodenaga M, et al. Effect of surface modification on the dispersion, rheological behavior, crystallization kinetics, and foaming ability of polypropylene/cellulose nanofiber nanocomposites. Composites Science and Technology，2018，168：412-419.

[4] Balasubramaniam S L, Patel A S, Nayak B. Surface modification of cellulose nanofiber film with fatty acids for developing renewable hydrophobic food packaging. Food Packaging Shelf，2020，26：100587.

实验三 聚丙烯腈的部分水解

一、实验目的

1. 掌握聚丙烯腈水解反应的原理,加深对聚合物化学反应的理解。

2. 根据高分子材料的特定需求,针对性地选择研究路线,设计科学有效的实验方案并熟悉相应的表征手段。

3. 了解高吸水性树脂的相关应用,培养从事产品研发、工艺设计等方面的能力,提高独立分析能力和创新能力。

二、实验原理

聚丙烯腈可以由丙烯腈单体通过自由基溶液聚合或阴离子溶液聚合进行制备,其在二甲基亚砜、N,N-二甲基甲酰胺等有机溶剂中可以溶解。聚丙烯腈常被用来制作纤维,其纤维俗称为腈纶,是合成纤维的第三大品种。腈纶耐光、耐候、强度好,熨烫后(<150℃)能保持良好的形状,手感类似羊毛,有人造羊毛之称。聚丙烯腈分子链上含有大量的—C≡N基团,该基团可以发生许多化学反应,如水解反应。

聚丙烯腈水解过程通常是在热、氧和机械搅拌作用下进行的,在—C≡N基团水解的同时,聚丙烯腈主链也会发生一定程度的断裂,从而使得聚合物分子量下降。聚丙烯腈的水解反应一般在酸或碱的催化环境下发生,分为酸法水解和碱法水解,前者指的是聚丙烯腈在强酸(如浓硫酸)作用下进行的水解,后者指的是聚丙烯腈在碱(如氢氧化钠、氢氧化钾、水玻璃)的作用下进行的水解,其中最常用的是氢氧化钠。酸法水解一般经过聚丙烯腈中的—C≡N基团在强酸的作用下水解为酰胺基、酰胺基进一步水解为羧基两步反应,主要产物有聚丙烯酸、聚丙烯酰胺共聚物等,主要影响因素有温度、水解时间、酸的浓度等。

酸催化水解目前已很少使用,主要是因为浓H_2SO_4价格高,中和需要消耗大量的碱,成本高,同时会产生大量废水。相比之下,碱催化水解反应条件温和,对设备要求较低,比较容易进行工业化生产。同时,通过改变反应时间、温度、碱的加入量等条件可以对水解程度进行调节、控制。目前碱催化水解已经成为聚丙烯腈水解最常用的方法,其最常用的催化剂为氢氧化钠,反应通式如下:

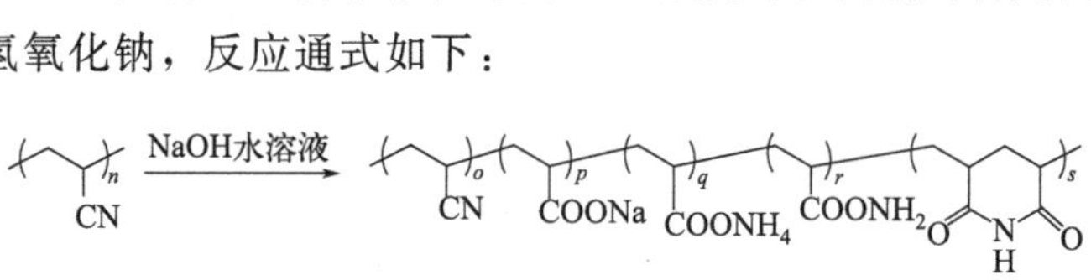

利用聚丙烯腈的水解反应,可以对其废料进行处理,所得的水解产物具有絮凝、稳定的作用,可以用以制备高吸水性树脂、絮凝剂、土壤改良剂及黏合剂等,同时也可以用作石油钻井泥浆稳定剂。

三、仪器与药品

1. 仪器

名称	规格	数量	用途
三口烧瓶	250mL	1	反应容器
恒压滴液漏斗	50mL	1	滴加药品
烧杯	250mL	1	反应容器
量筒	200mL	1	量取液体药品
锥形瓶	250mL	1	存放液体药品
滴管	2.5mL	若干	滴加药品
恒温油浴	KSC-5A	1	加热恒温
机械搅拌器	IKA RW20	1	强化混合
球形冷凝管	—	1	冷凝回流
电子天平	FA2004B	1	称量固体药品
pH 计	梅特勒 FE28	1	测量 pH 值
红外光谱仪	Perkin-Elmer Spectrum BX	1	表征产物

2. 药品

化学结构式/分子式	中英文名称与 CAS 号	物理与化学性质
NaOH	氢氧化钠 sodium hydroxide 1310-73-2	摩尔质量:39.99g/mol 溶解性:能与水混溶生成碱性溶液,另也能溶解于甲醇及乙醇 熔点:318.4℃
聚丙烯腈结构式	聚丙烯腈 polyacrylonitrile powder 25014-41-9	摩尔质量:50000g/mol 溶解性:不溶于水,溶于 N,N-二甲基甲酰胺、二甲基亚砜等有机溶剂 熔点:317℃
H_2O	去离子水 water 7732-18-5	摩尔质量:18.02g/mol 溶解性:与乙醇、四氢呋喃等互溶 熔/沸点:0℃/100℃

四、实验步骤

1. 水解反应

在装有温度计、搅拌器和回流冷凝管的三口烧瓶(图 6.3)中加入氢氧化钠(4.9g)、去离子水(150mL),开始搅拌,待氢氧化钠完全溶解后,向体系中加入 8.1g 聚丙烯腈粉末,加热升温至约 97℃,体系中的反应物从白色变为棕红色,同时有气体放出(放出的气体为氨气)。随着反应的进行,体系变为橙色,均相。继续反应 5h 后停止反应,将产物保存备用。

2. 红外光谱分析

取 50mL 水解产物加稀盐酸调节 pH 值至约 3.5,可观察到白色沉淀产生,抽滤,并用甲醇洗涤沉淀物 6 次,将沉淀物在 50℃ 条件下真空干燥。取聚丙烯腈用 N,N-二甲基甲酰胺为溶剂、甲醇为沉淀剂进行纯化,然后烘干至恒重。将经纯化、恒重的聚丙烯腈和聚丙烯腈水解产物进行红外光谱分析,对比其谱图中吸收峰的变化,并确定水解产物所含的官能团。将所得结果记录并与其他小组的数据进行对比,总结规律。

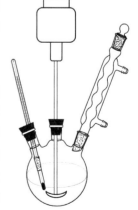

图 6.3 实验装置图

五、思考题

1. 为什么聚丙烯腈可以水解？需要什么条件？
2. 试比较聚丙烯腈和聚丙烯腈的水解产物的性质有什么不同。
3. 用哪种方法可以测定部分水解聚丙烯腈的水解度？

六、知识拓展

高吸水性树脂（super absorbent polymer，SAP）是由线形或支链形亲水聚合物构成的具有三维网络结构的功能高分子材料，能够吸收和保持大量的水和其他溶剂，吸水率可以达到自身质量的几百甚至上千倍，即使在一定的压力下，仍然具有很强的保水能力[1,2]。1970年，通过淀粉接枝部分水解丙烯腈的方法实现了第一种高吸水性树脂商业化产品的生产，该SAP产品具有高达500g/g的吸水能力。20世纪80年代早期，SAP工业在美国和日本蓬勃发展，主要用于卫生用品以降低成本，如尿布、卫生巾等。需求的逐渐增多使SAP的产量不断增加，目前全球SAP年产量超过200万吨。随着研究的不断深入，SAP更多的性能被开发，其应用领域也在不断拓展，除了传统的卫生用品外，还被广泛应用于农业、建筑业、污水处理、伤口敷料、药物释放、组织工程等行业[3,4]。

SAP超强的吸水能力以及良好的保水特性主要归因于其聚合物链中的交联结构[5,6]。SAP的交联结构主要包括物理交联和化学交联两种方式。其中，物理交联主要是聚合物链通过非共价键作用保持在一起，例如静电相互作用、范德华力和氢键。物理交联具有可逆性。化学交联主要是通过聚合物链之间形成不可逆的共价键，目前用于化学交联的方法包括接枝聚合、自由基聚合等。目前，大多数市售的SAP都是石油工业产物，主要包括聚丙烯酸、聚丙烯酰胺类，这类SAP具有可降解性差以及长期使用易造成环境问题的缺陷。

七、参考文献

[1] 郭静，相恒学. 聚丙烯腈纤维的水解及其产品应用. 合成纤维，2009，38（7）：5-8.

[2] 胡金鑫. 碱法水解聚丙烯腈的吸湿发热性研究. 上海：东华大学，2014.

[3] Guilherme M R, Aouada F A, Fajardo A R, et al. Superabsorbent hydrogels based on polysaccharides for application in agriculture as soil conditioner and nutrient carrier: A review. European Polymer Journal, 2015, 72: 365-385.

[4] Kabiri K, Omidian H, Zohuriaan-Mehr M J, et al. Superabsorbent hydrogel composites and nanocomposites: A review. Polymer Composites, 2011, 32（2）：277-289.

[5] Ahmed E M. Hydrogel: Preparation, characterization, and applications: A review. Journal of Advanced Research, 2015, 6（2）：105-121.

[6] Wang J L, Wang W B, Wang A Q. Synthesis, characterization and swelling behaviors of hydroxyethyl cellulose-g-poly（acrylic acid）/attapulgite superabsorbent composite. Polymer Engineering and Science, 2010, 50（5）：1019-1027.

实验四　海藻酸钠基水凝胶的制备

一、实验目的
1. 掌握制备海藻酸钠水凝胶的常用方法并比较不同方法的优缺点。
2. 根据高分子材料的特定需求，针对性地选择研究路线，设计科学有效的实验方案并熟悉相应的表征手段。
3. 了解天然高分子基水凝胶的相关应用，培养从事产品研发、工艺设计等方面的能力，提高独立分析能力和创新能力。

二、实验原理
海藻酸钠是从褐藻类的海带或马尾藻中提取碘和甘露醇之后的副产物，其分子由 β-D-甘露糖醛酸（β-D-mannuronic，**M**）和 α-L-古洛糖醛酸（α-L-guluronic，**G**）按 (1→4) 键连接而成，M 和 G 的结构式如下所示：

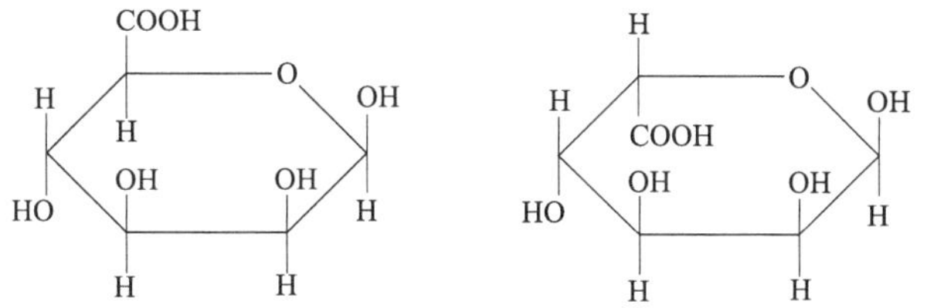

M　　　　**G**

海藻酸钠含有大量的羧酸根，在酸性条件下羧酸根会转变为羧基，导致分子的亲水性降低。当 pH 值增加时，羧基会不断解离，使分子的亲水性增加。因此，海藻酸钠具有明显的 pH 响应性。当向海藻酸钠的水溶液中添加二价阳离子（如铜离子、钙离子、锌离子、镁离子等）时，G 单元中的钠离子会与新加入的二价阳离子发生交换，使海藻酸钠溶液物理交联转变为凝胶。考虑到生物相容性，钙离子常用作海藻酸钠凝胶的物理交联剂。用钙离子交联海藻酸钠制备凝胶时，经常使用的方法有直接滴加法、返滴法和原位释放法三种。直接滴加法是把海藻酸钠的水溶液滴加到含有钙离子的水溶液中，而返滴法则是将含有钙离子的水溶液滴加到海藻酸钠的水溶液中，前者制备的凝胶外层交联密度较大，后者制备的凝胶则内层交联密度较大。

为了克服以上两种方法制备的凝胶交联密度不均匀的缺点，人们提出了原位释放法制备海藻酸钠凝胶。该法通常利用碳酸钙或乙二胺四乙酸-钙与葡糖酸内酯复合体系作为钙离子源。葡糖酸内酯在溶解的过程中可以缓慢地释放出氢离子，被释放出来的氢离子则分解碳酸钙，从而缓慢地释放出钙离子，对海藻酸钠进行均匀的交联，形成交联密度均匀的水凝胶，此种水凝胶一般具有更好的缓释性能。

与此同时，由于海藻酸钠结构中含有羟基和羧基，它们可以与相关的小分子交联剂或其他聚合物的活性基团发生化学反应，从而得到化学交联的海藻酸钠凝胶。离子交联海藻酸钠水凝胶制备方法简单，但所得凝胶的强度较差。化学交联海藻酸钠可以得到结构规整性较好的凝胶，但制备条件与物理交联相比复杂得多，且反应结束后需要除去体系中残留的交联剂，后处理比较烦琐。

本实验拟分别通过 Ca^{2+} 和己二酸交联海藻酸钠，制备物理及化学交联的海藻酸钠凝胶，同时研究不同交联方式对凝胶性能的影响。海藻酸钠凝胶具有良好的稳定性及生物相容性，在食品工业、药物制剂、生命科学等领域均具有广泛的应用。

三、仪器与药品

1. 仪器

名称	规格	数量	用途
两口烧瓶	50mL	1	反应容器
烧杯	50mL	1	反应容器
滴管	2.5mL	若干	滴加药品
恒温水浴	欧莱博 HH-W420	1	加热恒温
磁力搅拌器	RCT	1	搅拌
电子天平	FA2004B	1	称量固体药品
热重分析仪	Netzsch TG 209 F3	1	表征产物
红外光谱仪	Perkin-Elmer Spectrum BX	1	表征产物

2. 药品

化学结构式/分子式	中英文名称与CAS号	物理与化学性质
$(C_6H_7O_6Na)_n$	海藻酸钠 sodium alginate 9005-38-3	摩尔质量:32000g/mol 溶解性:易溶于水,不溶于乙醇、乙醚、氯仿等有机溶剂 熔点:315℃
$CaCO_3$	碳酸钙 calcium carbonate 471-34-1	摩尔质量:100.09g/mol 溶解性:不溶于水 熔点:1339℃
(葡糖酸内酯结构式)	葡糖酸内酯 gluconolactone 90-80-2	摩尔质量:178.14g/mol 溶解性:易溶于水 熔/沸点:160℃/230.5℃
NaOH	氢氧化钠 sodium hydroxide 1310-73-2	摩尔质量:39.99g/mol 溶解性:能与水混溶生成碱性溶液,另也能溶解于甲醇及乙醇 熔点:318.4℃
(乙酸酐结构式)	乙酸酐 acetic anhydride 108-24-7	摩尔质量:102.09g/mol 溶解性:溶于氯仿和乙醚,在水中缓慢地溶于水形成乙酸 熔/沸点:-73℃/140℃
$HOOC(CH_2)_4COOH$	己二酸 adipic acid 124-04-9	摩尔质量:146.14g/mol 溶解性:微溶于水,微溶于乙醚,溶于乙醇 熔/沸点:151~154℃/(338.5±15.0)℃

四、实验步骤

1. 化学交联海藻酸钠水凝胶的制备

如图 6.4 所示，将 2g 海藻酸钠加入 20mL 去离子水中，搅拌，混合成黏稠浆状，用氢氧化钠将溶液调 pH 至 7~9，将 0.1g 已二酸和乙酸酐组成的混合酸酐 5min 内加入体系中，50℃下反应 3h，即可得到化学交联的海藻酸钠凝胶。

凝胶的交联密度可以通过改变混合酸酐的加入量进行调节，交联密度改变时，凝胶的相关性能也会发生变化。

2. 物理交联海藻酸钠水凝胶的制备

将 1.94g 海藻酸钠溶于 20mL 去离子水中，后加入 0.18g 碳酸钙粉末，搅拌混合均匀后得到悬浮液，将 2mL 含葡糖酸内酯 (0.46g) 的水溶液加入悬浮液中，搅拌 5min 混合均匀，后室温下静置 24h，即可得到钙离子交联的海藻酸钠水凝胶。

图 6.4　化学交联装置示意图

凝胶的交联密度可以通过改变碳酸钙与葡糖酸内酯的加入量进行调节，交联密度改变时，凝胶的相关性能也会发生变化。

3. 凝胶性能的测试

在指导教师协助下，取出部分样品，用红外光谱仪表征其结构、热重分析仪测试其热稳定性，记录并与其他小组的数据进行对比，总结规律。

五、思考题

1. 物理交联凝胶有哪些？与化学交联凝胶相比，其有何优缺点？
2. 交联点密度对凝胶性能有何影响？制备凝胶时，是不是交联点密度越高越好？

六、知识拓展

水凝胶是一类具有三维交联网络结构且内部含有大量水的高分子材料。在凝胶网络中，水分子与聚合物链的亲水基团紧密结合，由常温常压下难以加工的液态转变为流动性受限的类固态。因此水凝胶材料兼具了传统体相材料的良好固体力学性能和流体热力学性能。水凝胶作为以水为主要成分的软质材料，可塑性强，具有良好的弹性与生物相容性，在软体机器人、智能制动器、组织工程和柔性电子器件等领域有着巨大的应用前景[1-4]。

传统的水凝胶在受到创伤后，会出现裂缝或者微裂纹，并且水凝胶的网络结构也会遭到破坏，进一步影响了其机械性能。自修复水凝胶是受生物自我修复特性的启发而出现的一类很有前途的智能材料，在发生损伤时能自动恢复其原有的性能，并因提高耐久性、延长设备寿命、降低维护成本而受到广泛关注。水凝胶的自修复机制可分为外援型自修复和本征型自修复两种[5-8]。外援型自修复机制通常通过微胶囊或管道实现，而本征型自修复机制由于修复机理的不同可分为物理自修复水凝胶和化学自修复水凝胶，分别可以由非共价键（如氢键、金属配体配位键、主客体相互作用等）和可逆共价键（如 Diels-Alder 反应、硼酸酯键、尿素化学反应等）驱动。

七、参考文献

[1] Wang W, Zhang Y, Liu W. Bioinspired fabrication of high strength hydrogels from non-covalent interactions. Progress in Polymer Science, 2017, 71: 1-25.

[2] Li P, Jin Z, Peng L, et al. Stretchable all-gel-state fiber-shaped supercapacitors enabled by macromolecularly interconnected 3D graphene/nanostructured conductive polymer hydrogels. Advanced Materials, 2018, 30 (18): 1800124.

[3] Wirthl D, Pichler R, Drack M, et al. Instant tough bonding of hydrogels for soft machines and electronics. Science Advances, 2017, 3 (6): e1700053.

[4] Wang Q, Mynar J L, Yoshida M, et al. High-water-content mouldable hydrogels by mixing cay and a dendritic molecular binder. Nature, 2010, 463 (7279): 339-343.

[5] Yang Y, Urban M W. Self-healing polymeric materials. Chemical Society Reviews, 2013, 42 (17): 7446-7467.

[6] Ma C, Lu W, Yang X, et al. Bioinspired anisotropic hydrogel actuators with on-off switchable and color-tunable fluorescence behaviors. Advanced Functional Materials, 2018, 28 (7): 1704568.

[7] Lendlein A, Balk M, Tarazona N A, et al. Bioperspectives for shape-memory polymers as shape programmable, active materials. Biomacromolecules, 2019, 20 (10): 3627-3640.

[8] Tian T, Wang J, Wu S, et al. A body temperature and water-induced shape memory hydrogel with excellent mechanical properties. Polymer Chemistry, 2019, 10 (25): 3488-3496.

实验五　乙基纤维素接枝共聚物的制备及其自组装性能研究

一、实验目的

1. 了解纤维素改性的常用方法,掌握接枝聚合物的制备方法。
2. 根据高分子材料的特定需求,针对性地选择研究路线,设计科学有效的实验方案并熟悉相应的表征手段。
3. 了解纤维素在生物医学领域的应用,培养从事产品研发、工艺设计等方面的能力,提高独立分析能力和创新能力。

二、实验原理

纤维素是植物细胞壁的主要成分,茎干中含量很多,几乎占植物总质量的三分之一,在多糖中占首位。纤维素是 D-葡萄糖单元以 β-1,4-苷键连接(反式)而成的聚(β-1,4-D-葡萄糖)。多数纤维素的聚合度约为 2000~6700,具有多分散性;棉花的聚合度达 10000,分子量约 150 万;亚麻的聚合度更高,分子量可达 590 万。纤维素大分子处于一定的伸展状态,聚集体分子间存在氢键,形成片状结晶网络,结晶度高达 60%~70%,受热时不能塑化熔融,只能分解;不溶于水,可溶于浓碱液。氢氧化钠强碱能够渗透入纤维素的晶格,并与葡萄糖单元中的羟基反应,形成碱纤维素。纤维素中每一葡萄糖单元中的三个羟基都可以进行化学反应,制备许多衍生物,如甲基纤维素、羧甲基纤维素、乙基纤维素、羟丙基纤维素等。

通常来讲,以纤维素为主链的接枝聚合物的合成可以采用"grafting from"(长出支链)和"grafting onto"(嫁接支链)两种方法,"grafting from"法需要首先在纤维素侧基上引入活性中心,然后以其为大分子引发剂,引发相关单体的聚合,即可得到纤维素为主链的接枝聚合物。而"grafting onto"法则是先在纤维素侧基上引入反应性官能团,然后将其与预先合成好的具有特定结构的大分子进行偶联反应,也可得到纤维素为主链的接枝聚合物。

本实验通过"grafting from"方法,首先通过酯化反应,在乙基纤维素侧链上引入异丁酰溴基团,然后以其为大分子引发剂,在溴化亚铜/联吡啶(CuBr/bpy)的催化作用下,引发 2-甲基-2-丙烯酸-2-(2-甲氧基乙氧基)乙酯(PEMEO$_2$MA)单体的聚合,即可得到乙基纤维素接枝共聚物,合成路线如下:

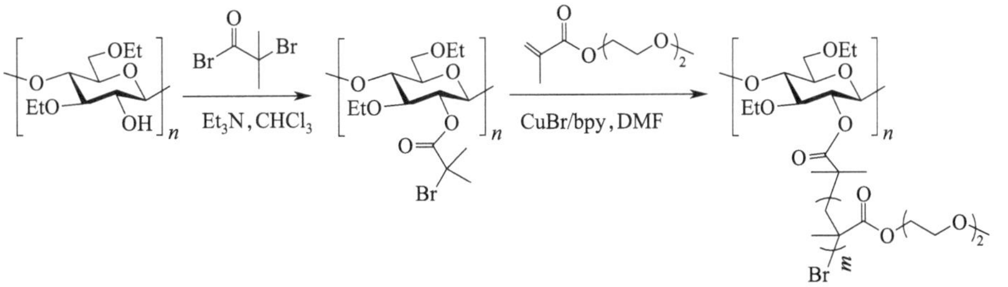

纤维素具有无毒性、生物相容性和一定的机械强度,因此被广泛应用于细胞膜和药物运载方面。而当纤维素接枝亲水性聚合物后,将具有两亲性,在水溶液中可以自组装形成

胶束、囊泡等组装体，也可以进一步制备生物凝胶，在纳米科技、生物医药、抗菌等领域都具有广泛的应用前景。

三、仪器与药品
1. 仪器

名称	规格	数量	用途
两口烧瓶	100mL	1	反应容器
圆底烧瓶	25mL	1	反应容器
恒压滴液漏斗	50mL	1	滴加药品
烧杯	500mL	1	反应容器
滴管	2.5mL	若干	滴加药品
油浴	KSC-5A	1	加热恒温
磁力搅拌器	RCT	1	搅拌
旋转蒸发仪	R206B	1	减压蒸馏
电子天平	FA2004B	1	称量固体药品
真空干燥箱	6020	1	干燥
真空水泵	V8	1	抽取负压
凝胶渗透色谱仪	Waters 515	1	表征产物
红外光谱仪	Perkin-Elmer Spectrum BX	1	表征产物
核磁共振波谱仪	Bruker 600 MHz	1	表征产物
动态光散射仪	Nano-ZS90 Zetasizer	1	表征产物
透射电子显微镜	JEM-2100F	1	表征产物

2. 药品

化学结构式/分子式	中英文名称与CAS号	物理与化学性质
(结构式)	乙基纤维素 ethyl cellulose 9004-57-3	摩尔质量:10000g/mol 溶解性:不溶于水,溶于二氯甲烷、氯仿等有机溶剂。 熔点:240~255℃
(结构式)	2-甲基-2-丙烯酸-2-(2-甲氧基乙氧基)乙酯 diethylene glycol monomethyl ether methacrylate 45103-58-0	摩尔质量:188.22g/mol 溶解性:易溶于水、二氯甲烷、四氢呋喃、氯仿等有机溶剂 沸点:240.57℃
CuBr	溴化亚铜 copper(Ⅰ) bromide 7787-70-4	摩尔质量:143.45g/mol 溶解性:微溶于水,不溶于乙醇 熔点:504℃
(结构式)	联吡啶 2,2′-bipyridine 366-18-7	摩尔质量:156.19g/mol 溶解性:不溶于水,易溶于乙醇、乙醚 熔/沸点:58~62℃/(280.8±15.0)℃
(结构式)	2-溴异丁酰溴 2-bromoisobutyryl bromide 20769-85-1	摩尔质量:229.9g/mol 溶解性:易溶于二氯甲烷、丙酮、氯仿等有机溶剂 熔/沸点:-98℃/164℃

续表

化学结构式/分子式	中英文名称与 CAS 号	物理与化学性质
～N～	三乙胺 triethylamine 121-44-8	摩尔质量:101.19g/mol 溶解性:微溶于水,溶于乙醇、丙酮等有机溶剂 熔/沸点:−115℃/(90.5±8.0)℃
CHCl₃	氯仿 trichloromethane 67-66-3	摩尔质量:120.38g/mol 溶解性:与二氯甲烷、丙酮等互溶 熔/沸点:−63.5℃/61.2℃
O=\N/	N,N-二甲基甲酰胺 N,N-dimethylformamide 68-12-2	摩尔质量:73.09g/mol 溶解性:与水及多种有机溶剂互溶 熔/沸点:−61℃/153℃
◯O	四氢呋喃 tetrahydrofuran 109-99-9	摩尔质量:72.11g/mol 溶解性:与水及多种有机溶剂互溶 熔/沸点:−108.4℃/66℃
～～～	正己烷 n-hexane 110-54-3	摩尔质量:86.18g/mol 溶解性:不溶于水,溶于乙醇、乙醚、丙酮等有机溶剂 熔/沸点:−95℃/(68.5±3.0)℃

四、实验步骤

1. 乙基纤维素（EC）的溴化

如图 6.5 所示，将 EC（3.04g）溶于 40mL 干燥的氯仿溶液中，搅拌溶解，后室温下加入三乙胺（1.9g），将体系通过冰水浴冷却到 0℃，然后将溶于 20mL 干燥氯仿中的 2-溴异丁酰溴（4.33g）在 1h 内逐滴加入体系中。滴加完成后，0℃继续反应 2h，后在室温下搅拌继续反应，36h 后停止反应，用饱和碳酸氢钠溶液和去离子水洗涤，旋蒸浓缩，用冰冻的正己烷沉淀，抽滤后于真空烘箱内干燥，即可得到溴化的 EC。

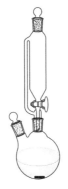

图 6.5　乙基纤维素溴化的反应装置图

2. EC 接枝共聚物（EC-g-PMEO₂MA）的制备

EC-g-PMEO₂MA 是通过溴化的 EC 引发 2-甲基-2-丙烯酸-2-（2-甲氧基乙氧基）乙酯（MEO₂MA）单体聚合进行制备的，实验步骤如下：

将溴化的 EC（0.50g）和一定质量的 MEO₂MA 单体溶于 10mL 干燥的 DMF 中，然后加入 CuBr（46mg）和联吡啶（101mg），体系冷冻、抽真空、充氩气，循环 3 次。磁力搅拌、氩气氛围、60℃下反应 6h，打开反应装置，加 THF 稀释，降温，终止反应。以 THF 为洗脱剂，将产物过中性氧化铝柱，除去铜盐。将洗脱液旋蒸浓缩，后用冰冻的正己烷沉淀，所得产物在真空烘箱中室温下干燥至恒重，即得到 EC-g-PMEO$_2$MA。

3. EC-g-PMEO$_2$MA 组装体溶液的制备

称取 50mg 接枝共聚物 EC-g-PMEO$_2$MA 溶于 10mL 的 THF 中，去离子水透析 72h，每隔 12h 换一次去离子水，最终所得透析水溶液定容至 50mL，即得到浓度为 1mg/mL 的 EC-g-PMEO$_2$MA 组装体溶液。

4. 样品性能的测试

在指导教师协助下，取出部分 EC-g-PMEO$_2$MA 样品用凝胶渗透色谱仪测量分子量及分子量分布；用核磁共振波谱仪和红外光谱仪对样品结构进行表征；利用动态光散射仪及透射电子显微镜，对 EC-g-PMEO$_2$MA 的组装体形貌、尺寸进行表征。记录测试结果并与其他小组的数据进行对比，总结规律。

五、思考题

1. 制备接枝聚合物时，如何控制接枝链段的长度？
2. 制备接枝共聚物时，"grafting from"和"grafting onto"两种方法分别有何优缺点？

六、知识拓展

纤维素是由 β-1,4-糖苷键连接的 β-D-葡萄糖单元长链，是自然界储量最丰富的天然高分子材料，由无序的无定形区和有序的结晶区构成[1-3]。纤维素纳米晶体（cellulose nanocrystals，CNCs）是指采用一定的手段去除纤维素的无序部分而形成的具有高结晶度的棒状或针状的纳米粒子。一般来说，CNCs 的结晶度为 54%～88%。CNCs 的来源非常广泛，已经从多种纤维素资源中被分离出来，包括植物、动物、细菌等，原则上几乎可以从任何纤维素材料中分离制备 CNCs。棉花由于其超高的纤维素含量，成为制备 CNCs 最常见的原料[4,5]。几十年前，研究人员成功从被囊类动物中提取出 CNCs，并将其应用于增强聚合物材料。此外，一些细菌可以产生含有纤维素的生物膜，这被认为是一种新型的 CNCs 来源。木材作为纤维素最重要的工业原料，由于其木质素含量较高且结构复杂，因此不利于 CNCs 的提取。相比之下，来源于工业和农业废弃物的木质纤维素，由于其低成本、环境友好和可持续等优点，被认为是优良的 CNCs 原料。在这种情况下，越来越多的研究人员尝试从各种农业废弃物资源（如花生壳、玉米棒、大豆壳、番茄皮、米糠、大蒜秸秆、甘薯皮、西米种子壳和甘蔗渣等）中提取 CNCs。CNCs 的性能（如结晶度、长径比、分散性和形貌等）会受不同因素的影响，如纤维素的来源和制备方法等。

由于生物基聚合物独特的功能性和可持续的资源来源，其在促进社会持续发展方面发挥关键作用[6]。CNCs 作为一种典型的生物质，由于其与众不同的固有属性，如高纵横比、液晶组装特性、可再生性和在水介质中的胶体稳定性等，已被广泛用于聚合物复合材料、电子学、生物医学和光材料等各个领域。

七、参考文献

[1] Muhd Julkapli N, Bagheri S. Nanocellulose as a green and sustainable emerging material in energy applications: A review. Polymers for Advanced Technologies, 2017, 28 (12): 1583-1594.

[2] Yan Q, Yuan J, Zhang F, et al. Nanomechanics of lignin-cellulase interactions in aqueous solutions. Biomacromolecules, 2009, 10 (8): 2033-2042.

[3] Filson P B, Dawson-Andoh B E, Schwegler-Berry D. Enzymatic-mediated production of cellulose nanocrystals from recycled pulp. Green Chemistry, 2009, 11 (11): 1808-1814.

[4] Jarvis M C. Structure of native cellulose microfibrils, the starting point for nanocellulose manufacture. Philosophical Transactions, 2018, 376 (2112): 20170045.

[5] Nechyporchuk O, Belgacem M N, Bras J. Production of cellulose nanofibrils: A review of recent advances. Industrial Crops and Products, 2016, 93: 2-25.

[6] Habibi Y, Lucia L A, Rojas O J. Cellulose nanocrystals: Chemistry, self-assembly, and applications. Chemical Reviews, 2010, 110 (6): 3479-3500.